節氣餐桌手帖

生活手札×72＋3道應時食帖，
這一年，我要好好吃飯

千萬人氣美食博主
梅依舊——著

留一點胃口給今天，

應時家常菜的絕妙滋味提案。

前言 跟著二十四節氣走一年

記得小時候，母親會隨著二十四節氣的變化，相應調整飯桌上的三餐飲食，立春時的一張春餅，謂之咬春；夏天一碗綠豆湯，解毒去暑賽仙方；秋季裡，新採嫩藕勝太醫；冬日裡，蘿蔔白菜保平安。

二十四節氣，是中國人詩意棲居的創造；是中國人的衣食農事依季節氣候而作的自然時間；是華夏文化和生活的密碼，在經久的傳承中，已經成為指導人們生活的方法論。

在逐漸淡忘傳統節氣的時下，二十四節氣依然用另一種方式提醒人們感知季節的變化，那就是「不時不食」。

「不時不食」，是一句常說的老話，出自孔子《論語．鄉黨第八》：「食不厭精，膾不厭細。食饐而餲，魚餒而肉敗，不食。色惡，不食。臭惡，不食。失飪，不食。不時，不食。割不正，不食。不得其醬，不食。」

「不時不食」，就是遵循自然之道，應時令、按季節吃東西，即到什麼時候吃什麼東西。

如今由於大棚種植和各種藥物的使用，果蔬經常亂了時序上市，當番茄沒有活潑的沙甜，當黃瓜少了清冽的氣味，當白菜少了霜打之後的微甜，你才會意識到：到底還是不一樣的呀！

二十四節氣是大自然的語言，不僅跟養生有關，也跟我們每個人的生活態度有關，是天人合一觀念的最美呈現。

二十四節氣，是一本行動指南，每一個節氣的到來，都意味著天地之氣的轉換，比如春芽、夏瓜、秋果、冬根。所以，每個節氣都是一個養生的節點，把握時間的節氣，跟著節氣吃，遵循大自然的節奏，應時而食，也許就是最好的「吸收天地之氣」的方法吧。

這本書根據每個節氣的養生重點，隨著節氣來調整日常生活和飲食，以自然、健康、簡單的形式，搭配相應的飲方和食方，達到事半功倍的養生效果。這便是編寫此書的初衷。

目 錄

春生

立春

雨水

驚蟄

春分

清明

穀雨

夏長

秋收

冬藏

【春生】

清明

穀雨

春分

立春

雨水

驚蟄

立春

立春，正月節。立，建始也。五行之氣往者過來者續於此，而春木之氣始至，故謂之立也。立夏、秋、冬同。東風解凍。凍結於冬，遇春風而解散；不曰春而曰東者，《呂氏春秋》曰：東方屬木，木，火母也。然氣溫，故解凍。

——《月令七十二候集解》

東風解凍

初候 2月4～8日

春天到底是來了。從立春的「立」字來看，好像立春只是一個立意，本質還冷。

天雖尚寒，心已向暖。立春，在古代叫春節。你若對峨冠博帶的古人說「春節」，他會認為你說的是「立春」。

古籍中早有「春節」，本是因立春而衍生出的節日，全名叫立春節。自周代起，官方就會在立春日舉辦迎春活動。漢武帝於太初元年（前104年），以農曆正月為歲首，春節的日期才固定下來。

辛亥革命以後，民國政府將「元旦」之名由陰曆正月初一「轉讓」給了陽曆1月1日，將春節改到了陰曆正月初一，立春被「降級」，雖仍為二十四節氣之一，但不再是節日。

立春日，民間有「咬春」的習俗，唐《四時寶鏡》記載：「立春日，食蘆菔、春餅、生菜，號『春盤』。」杜甫在〈立春〉中寫道：「春日春盤細生菜，忽憶兩京梅發時。」「春日春盤細生菜」這句詩，說盡了春天細細的菜葉、碧青的顏色和鮮活的生機，可見早在唐代人們已經開始吃春盤、春餅了。

時至今日，我家仍保留著立春喝椒柏酒的習俗。我家椒柏酒的做法一直沿用母親留給我的方子，操作很簡單：將川花椒35粒和側柏葉7克搗碎，置容器中，加入白酒500毫升，密封浸泡一週後，過濾去渣，即可。

所謂椒柏酒，說白了就是用花椒和側柏葉泡製的藥酒。此酒在東漢崔寔的《四民月令．正月》中已經出現：「各上椒酒於其家長」。戲劇《羋月傳》中也出現了椒柏酒：王后在元日（正月初一）設宴，給後宮各位妃嬪賜椒柏酒。飲椒柏酒可殺菌驅寒，帶有健康長壽的祝願。

| 避「太歲」 |

立春要「躲春」，你的所有困惑，都可以在這裡得到解答。「躲春」，是不是聽起來感覺好迷信？有人認為是無稽之談，有人卻奉若神明。

古人覺得立春日是一年伊始，年運交接，也是一年中氣場最混亂動蕩的時候。新的氣場容易對一些體弱、敏感、心神不寧的人造成不利的影響，因此，立春「躲春」的習俗就出現了。

太歲源於道教信仰，屬於星辰崇拜。古聖先賢，仰觀天文，發現了宇宙的磁場規律，配以十天干、十二地支，創造了中醫學和各種命理學。而避太歲的說法，來自民間，相傳太歲是大名鼎鼎的凶神，古代的一些著作也有太歲主凶的記載。

至今，很多地方仍流行「躲春」。每到立春之時，人體內的血清素持續升高，導致情緒焦躁，所以，這天應該不犯愁、不上火，不做口舌之爭，靜靜度過兩位太歲的交接時刻，因此要躲一躲才好，把難纏的事情留在日後處理，以免影響新一年的氣運。

我認為，按傳統民俗，立春「躲春」這一習俗其實深得中醫養生的精髓，中醫認為：「肝主情志」、「怒傷肝」，生氣、犯愁、上火，以及氣候變化影響免疫力，都是立春時節人容易生病的原因。所以「躲」過開春病，為身體開個好頭，此說法有其道理。

洩「風毒」

老祖宗留下的《黃帝內經．靈樞．歲露論》裡有這麼一段話：「至其立春，陽氣大發，腠理開，因立春之日，風從西方來，萬民又皆中於虛風，此兩邪相搏，經氣結代者矣。」

按中醫理論，春天是以「風」為主氣，乍暖還寒，而又榮生萬物。風邪也是致病的首要因素，「風者，百病之長也」、「春傷於風，夏必飧泄」。

《養生論》曰：「春三月，每朝梳頭一二百下。至夜臥時，用熱湯下鹽一撮，洗膝下至足，方臥，以泄風毒腳氣，勿令壅塞。」

初春祛風術

方子一

早晨梳頭一、二百下。立春時乾梳頭，可以贊陽出滯，使五臟之氣終歲流通，謂之神仙洗頭法。

方子二

晚上睡前泡腳的熱水裡加一撮鹽，可以化解瘀堵，讓風邪繞道而行。

水果春卷

春卷是傳統節日食品，流行於中國各地，江南等地尤盛。宋代名臣蔡襄曾留下「春盤食菜思三九」的詩句，盛讚春卷的美味。

水果春卷，以水果為餡料，皮薄酥脆、餡心果香清新，別具風味。

食材

奇異果……1個
蘋果……1個
草莓……8個
春卷皮……10張

調味料

白糖……30克
食用油……適量

做法

1 準備好春卷皮。
2 奇異果、蘋果去皮，切丁；草莓洗淨，切丁，一起放入碗中。放入白糖醃製15分鐘，瀝出汁水。
3 取1張春卷皮，放上水果丁。
4 上下兩邊對折包住水果丁，再折進去壓緊。
5 鍋中放油，7成熱油，下春卷炸至微金黃色即可。

廚房小語

1. 水果可依自己的喜好搭配，切記要先瀝乾醃出的水分。
2. 春卷皮超市冷凍專櫃有售，也可網購。

黃鶯睍睆

次候　2月9～13日

這一年的春節來得比較晚。

立春的次候，正好是臘月的最後幾天，過年到底是個大節日，家家都做東西吃，到處都是油炸的香氣，彷彿能聽到藕盒在油裡吱吱地響。

母親已過世多年，但我依然記得立春日母親會插個春盤，說一句：「插個春盤來過年。」

母親插的春盤，是要與家譜擺在一起的。我小時候不是很理解，隨著成長漸漸地發現，再小的事情，只要帶著儀式感去做，總能保持一分敬畏感。

《禮記》中有：「禮義之始，在於正容體、齊顏色、順辭令。」借儀式感，讓生活莊重一些，色彩豐富一些，也讓日常生活有一些不同的體驗。

取蔬菜、瓜果、餅糖等放盤中為春盤，也可將多盤拼在一起，拼盤裡主要有：果品、蔬菜、糖果、餌，饋送親友或自食，取迎春之意。

｜五辛盤｜

生吃蔥和蒜的美妙，南方人永遠不懂。明代醫學家李時珍，在《本草綱目》中有五辛菜的記載：「五辛菜，乃元日立春，以蔥、蒜、韭、蓼、蒿、芥辛嫩之菜，雜和食之，取迎新之義，謂之五辛盤。」

初春，是蔥、蒜、韭最為嫩香、好吃之時。

蔥有大小之分，北方以大蔥為主，以山東蔥為代表，粗壯，蔥白辛香濃郁，有近一公尺高；南方以小蔥為主，又叫香蔥。南方香蔥與北方大蔥相比，簡直就是「蒜苗」，最多只能用來熗鍋，與大蔥相比，實在不是一個段位。

說起來，蔥、醬、餅簡直就是天生絕配，有蔥絲打底的北京烤鴨自不必說，蔥絲配京醬肉絲也是個不錯的選擇。遇到對的蔥並不比遇到對的人更容易，只要對了，幾乎沒有不好吃的可能，卷上合菜和醬肘子的春餅，也是北方人的鄉愁寄託。

與蔥一樣，蒜也有大小之分。小蒜，是中國原生蒜，根莖小而瓣少，苗如蔥針，根白。漢時張騫得胡蒜於西域，辛而帶甘，即為今日之大蒜。

立春時節新韭鮮嫩尤佳，韭菜生食辛辣，烹熟後滋味柔和。

《隨園食單》裡有「韭」適與鮮味搭的說法，「專取韭白，加蝦米炒之便佳。或用鮮蝦亦可，蜆亦可，肉亦可」。

香菜、韭菜、綠豆芽、豌豆苗、山藥、菠菜、蜂蜜等，立春正當時，特別是韭菜最是鮮嫩可口，有「春季第一菜」的美譽。

蔥可升陽散寒，殺菌防病。中醫認為香菜能健胃消食，對春季因肝氣旺而影響到脾胃消化的人有幫助。

食五辛不只是為驅寒，更應看到它背後蘊藏的是什麼。「辛」同音「新」，吃五辛盤意味著一個新的開始，更符合中國傳統的陰陽學說。立春之後，陰消陽長，食用辛味食物，有助於運行氣血、發散邪氣，調和身體裡的陰陽之氣，以保健康無虞。

哎喲喂，餃子皮還有這副面孔呢？

春餅，是由五辛盤演變而來的，「調羹湯餅佐春色，春到人間一卷之。二十四番風信過，縱教能畫也非時。」

用春天的新鮮芽菜，如韭菜、蒜苗、豆芽等，包裹在薄如蟬翼的春餅皮裡，且一定要捲成筒狀，從頭吃到尾，寓意新的一年有頭有尾，善始善終。

吃完春餅，過了立春，新的一年的二十四節氣就正式開始了。

春餅

食材

餃子皮........................20 個
綠豆芽......................200 克
青椒..............................1 個
胡蘿蔔..........................1 個

調味料

鹽.................................2 克
食用油......................... 適量

沾醬

甜麵醬......................... 適量
白砂糖......................... 適量
蠔油............................. 適量
香油............................. 少許

做法

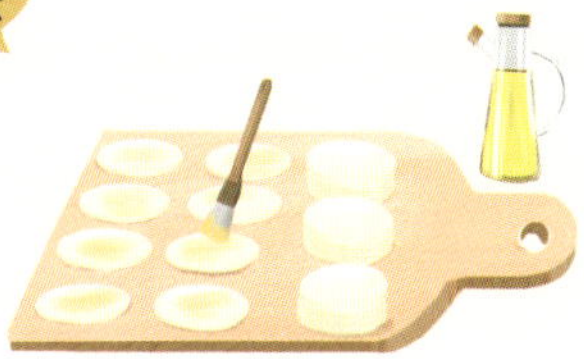

❶ 用小刷子在每個餃子皮上刷薄薄的一層油。每一張都要刷一層油，一張張疊在一起，疊好後側面周圍一圈也刷一層薄油（第一次做一疊可以不放太多張）。

❷ 用擀麵棍在中間先壓幾下固定住。由中間向四周擀開，擀至直徑 20 公分左右，即成春餅皮。

❸ 拿出兩層蒸鍋，水開上鍋，將春餅皮放入第一層蒸 10 分鐘左右。接著將適量甜麵醬、白砂糖、蠔油放入碗中攪拌均勻即成沾醬，放入第二層蒸鍋蒸 10 分鐘，出鍋後沾醬再加入香油。

❹ 春餅皮出鍋後稍晾一下，一張張地揭開，瞧，是不是非常薄。

❺ 綠豆芽洗淨，青椒、胡蘿蔔洗淨後切絲。

❻ 鍋中放油，下綠豆芽、青椒、胡蘿蔔炒熟，加鹽調味出鍋，用春餅捲好食用。

廚房小語

用超市賣的餃子皮即可，一次可多做些，吃不完的凍在冰箱裡，下次吃的時候重新加熱。

魚陟負冰

末候 2月14～18日

路過花市，買了兩盆水培水仙，球莖處壓了幾塊漂亮的卵石，花根被埋在石頭下，碧綠的葉子，花莖顏色要稍微深一點。

古人稱農曆正月初一為「歲朝」，一歲之朝，是日案頭必定要有花果，稱作「歲朝清供」，意在祈福，願吉祥，願如意。

歲寒清供，江南人家最常見的就是擺一盆水仙花，或者插上一枝遒勁的蠟梅，放在案頭。水仙花期恰逢春節，一叢綠葉，三、兩枝鮮花，可算是清供的古風遺存了。

汪曾祺的《歲朝清供》中，有一番令人悠然神往的對「歲朝清供」的「定義」：「這樣鮮豔的繁花，很難說是『清供』了。曾見一幅舊畫：一間茅屋，一個老者手捧一個瓦罐，內插梅花一枝，正要放到案上，題目：『山家除夕無他事，插了梅花便過年。』這才真是『歲朝清供』。」

正月正，三陽開泰。泰，小往大來，吉亨，是一年一度的吉祥亨通之日。

《易經》以十一月為復卦，一陽生於下；十二月為臨卦，二陽生於下；正月為泰卦，三陽生於下。指冬去春來，陰消陽長。

以下是讓你的身心「三陽開泰」的三個小方法。

◆ **動則升陽**

華佗曾對弟子吳普說，「動搖則穀氣得消，血脈流通，病不得生」。

◆ **暖能升陽**

《太上感應篇》提倡「慈心於物」，前賢說性情清冷的人，受福必薄，由此乃知慈心正是胸頭暖氣。

◆ **喜則升陽**

只生歡喜不生愁的人，在古代就被稱為神仙。

｜避「桃花」｜

立春易走「桃花」運？是你想多了。

很多人每逢氣候轉換，尤其是忽冷忽熱的初春，就會發生皮膚過敏，臉上冒出一些淡紅色、圓形小斑，癢癢的，還有點脫皮。

由於這種過敏常發生在春暖花開的季節，故常被稱為「桃花癬」，讓你在社交場合丟「面子」。

染上桃花癬別怪桃花。人們常以為桃花癬一定與花粉過敏有關，其實不然，而是與春季風大，戶外活動增加，風吹日晒過多有關。

一旦惹上桃花癬，三餐要適當補充維生素。此時要忌口，忌食發物，如蝦、蟹等海鮮，否則舊病極易復發。

外敷法：黃芩、黃柏煮水成藥液，放冰箱裡冷藏 30 分鐘，然後用紗布蘸藥液敷臉 15 分鐘左右，注意敷完 4 小時內部不要接觸熱水。

黃芩、黃柏具有清熱、燥濕、消炎之功效，冷敷有助於緩解皮膚瘙癢。但此法過敏體質者慎用。日常可用金銀花、野菊花等泡茶喝，也能起到清除濕熱的作用。

｜宜增甘｜

中醫所說的「增甘」，其中的「甘」不等於「甜」。唐代藥王孫思邈說：「春日宜省酸，增甘，以養脾氣。」春季陽氣初生、肝氣旺盛之時，要清除鬱熱，應多食用新鮮的黃綠色蔬菜；忌辣，少吃麻辣火鍋，也應少吃羊肉、燒烤、油炸食品等。

此時不宜食酸收之味，因酸味入肝，具收斂之性，不利陽氣生發和肝氣疏泄，所以飲食宜減酸益甘，可用甘味食物養脾氣。

很多人把甘味誤認為是甜，其實這是錯誤的。中醫將食物大致分為五類：酸、苦、甘、辛和鹹。甘味，是指食物具有滋補、和中的功效，可以益氣生津、健脾和胃。

甘味食物有淮山、糯米、小米、扁豆、百合、蓮藕、黃豆、菠菜、胡蘿蔔、芋頭、南瓜等，大家可以根據個人體質、飲食習慣，選擇食療、食補的方案，但不宜過量進補。

立春湯

一碗五指毛桃立春湯，拉你進入春天氣象，立春養肝，輕身通神湯。飲用五指毛桃湯，可清肝降火，健脾開胃，補肝益腎。

五指毛桃煲雞湯是傳統、經典的廣東老火湯。自古以來，客家人集草木之粹，順應自然，有煲保健湯飲用的習慣。五指毛桃被稱為廣東人參，是民間流傳甚廣的老火湯料。

立春湯，帶著淡淡的椰子清香味，且加了有化氣祛滯功效的陳皮，使湯味更香醇、清潤，是一家老少皆宜的立春養生保健湯。

食材

烏雞……1隻
螺片……50克

藥材

五指毛桃……30克
淮山……20克
桂圓肉……20克
黃芪……18克
陳皮……3克
蜜棗……3枚

調味料

鹽……適量
清水……適量

做法

1 螺片用清水浸軟。
2 其他藥材洗淨。
3 烏雞洗淨，斬塊，冷水下鍋汆燙。
4 砂鍋中加適量清水，放入烏雞、螺片和其他藥材。
5 大火煮滾，轉小火煲3小時，出鍋前以鹽調味即可。

廚房小語

水須一次放足量，切忌中途加水。湯如果一次喝不完，可放入冰箱保存。

雨水

雨水，正月中。天一生水，春始屬木，然生木者，必水也，故立春後繼之雨水。且東風既解凍，則散而為雨水矣。

——《月令七十二候集解》

土脈潤起

初候 2月19～23日

夜深了，隔窗聽雨，斷斷續續，猶如斷簡殘編。

聽了一夜雨，無眠。

翻開日曆，恰是雨水節氣，這兩個字真夠形象的。《說文解字》中有解釋，雨曰水，從雲下也。從字形中，似乎讓人看到雨從天而降的景象，感受到瀌瀌的雨絲迎面而來，渾身掛滿了水珠。

不知不覺，二月已經過多半，而雨水一到，江南二月春多在濛濛細雨中，終未能越過古人的門檻，譬如「小樓一夜聽春雨，深巷明朝賣杏花」，譬如「隨風潛入夜，潤物細無聲」。

看珍·奧斯丁小說，描寫女主人公走在草地上，長裙曳地沾著泥草，卻不覺得不潔淨，卻給人土地鬆化、生機勃發時脈動的印象。

每年的第一波雨水都格外珍貴，那是因為「天道起於北極，故天一生水」。離真正的春天，又近了那麼一小步，心裡枯了萎了的事物漸漸醒來。

此時，便想起《紅樓夢》裡寶釵所服的冷香丸，這個藥方的刁鑽之處，在於藥引子選用特別嚴格，必須是「雨水」這一天的雨水 12 錢，和其他三季之物一併製成。

「雨水」這日的雨水，總是可遇而不可求的，但薛寶釵竟然「一二年間可巧就有了」，看似雖然玄妙，但從李時珍在《本草綱目》的藥集解項中所說：「一年二十四節氣，一節主半月，水之氣味，隨之變遷，此乃天地之氣候相感。」取節氣水入藥的做法由來已久，實則是傳統中醫的重要觀點。

雨水「發陳」

《黃帝內經·素問·四氣調神大論》：「春三月，此謂發陳。」

發於哪兒呢？「發於陳」。春天，氣是往上走的，退除冬蓄之故舊。它讓新芽從枯黃的舊枝上長出來，讓一切陳舊的東西再次煥發生機，所以叫發陳。

中醫有個方子叫「二陳湯」，用到的兩味藥均是「以陳為良」，一是半夏，一是陳皮。

陳皮就是將橘子皮去除雜質，噴水潤透，切絲、乾燥而成，長久放置儲藏，故稱陳皮，有一種薄涼的香味兒，能夠理氣健脾，燥濕化痰，而且越陳藥效越好。

雨水養生重在生，我們平時吃的糧食都是種子，春天食用種子發芽而成的食物最佳，因種子中蘊含生機，有助於機體生發。從中醫上講，五穀主生發，「雨水」食用五穀之芽能得春季的天地之精氣，與季節合拍。

比如：麥子本不疏利，麥芽卻透達疏泄水穀，利肝氣；穀子本不能行滯，穀芽卻能疏土，消米食。黃豆發芽，能升達脾胃之氣，用之可補脾。赤小豆發芽，能透達膿血，故張仲景以赤豆當歸散排膿。

雨水時節多吃芽菜，順著春天這個升勁，讓肝氣升起來。

醃篤鮮

回到廚房裡，恭喜春筍榮登早春時令蔬菜的C位。

醃篤鮮本為江浙地方菜，醃指鹹肉，篤是小火燉的方言，鮮則是指春筍。醃篤鮮被稱為春鮮第一味，是春日恩物，既有冬的況味，又有春的生發。

清代畫家金農的〈春筍圖〉題曰：「夜打春雷第一聲，滿山新筍玉稜稜；買來配煮花豬肉，不問廚娘問老僧。」

這說的就是醃篤鮮吧？各位若要煮一碗，不必問老僧，照我的方法做做，看看行不行！

食材

豬五花肉..................300 克
家鄉鹹肉..................200 克
鮮蝦..............................8 隻
春筍..........................200 克

調味料

蔥..................................10 克
薑..................................3 片
鹽..................................2 克
黃酒............................20 克
雞粉............................適量
清水............................適量

做法

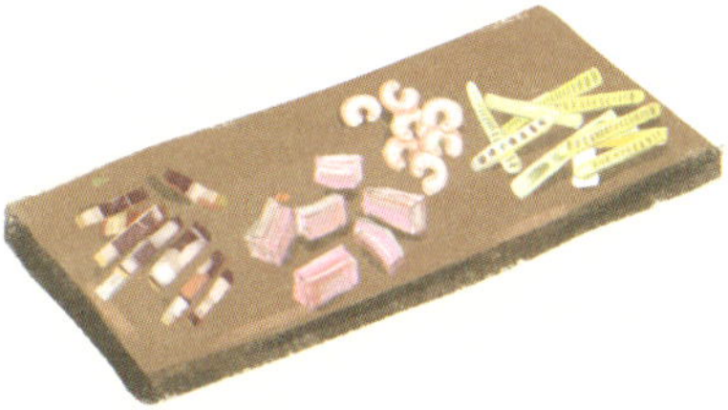

1. 春筍去皮，切塊；豬五花肉洗淨，切塊；鹹肉洗淨，切片。

2. 鍋中放入清水，汆燙筍塊。

3. 各起一鍋，加入清水，汆燙豬肉、鹹肉。

4. 砂鍋內加清水、豬肉塊、鹹肉塊，大火煮滾，再加黃酒、蔥、薑。改用中火慢慢燜到肉半熟，再加入筍塊、蝦，煮至熟透，以鹽和雞粉調味即可出鍋。

廚房小語

1. 鮮筍中含有草酸，所以做之前應先用沸水汆燙過，去除其中的草酸和澀味。
2. 鹹肉有鹹味，鹽要酌量放。

鴻雁歸來

次候 2月24～28日

雨水，恐怕是中國味最濃的節氣了。相傳每年正月初九為玉帝誕辰，民間常常有熱鬧的廟會。舊時北京過年，逛廟會為主要的習俗。如今的廟會，娛樂、購物、品嘗小吃，以及民間傳統節目樣樣俱全。逛了一圈，買了艾窩窩。

經典的廟會小吃，將味道延續，故事和記憶就會一直存在。

2月的最後一天，眼前飄著細細密密的春雪。外婆說過，3月還有桃花雪，4月還有李子霜，那是桃花雪。

桃花雪，真好聽。

早晨，一個平凡得無話可說的春日清晨。天氣濡濕，我照例將燕麥片倒入奶鍋中，放到灶火上加熱，再放兩片全麥吐司進烤箱，趁這空檔，想著是不是要做罐罐肉。

古人在雨水時節，會讓出嫁的女兒回家看望父母，送母親一段紅綢，燉一罐紅燒肉，是女兒們盡孝的節日，沒想到罐罐肉漸漸流傳開來，一不小心肉香就飄滿巷子，成為一道流行的時節美味。

罐罐肉，是豬蹄加上甘蔗、紅棗、桂圓、枸杞等配料，用瓦罐細火慢煨，燉得爛爛的，香甜滋補，飽含了對老人的一片孝心。

避濕寒

為什麼？為什麼？你吃它們，有想過為什麼嗎？

雨水節氣，地濕之氣漸升，濕氣裡夾雜著春寒，北方的陰氣未盡，雖然不像寒冬臘月那樣冰冷刺骨，但陰冷的寒涼還在。此時，人體的毛孔開始打開，對風寒之邪的抵抗力有所減弱，易感風邪而生病，要慎重減衣，避免去濕氣濃重的地方遊玩。

之前，祛濕的方子試了又試，可總是覺得不夠，一直沒找到一個簡單、不傷元氣的方子。後來，我有幸拜會一位知名老中醫，他說，喝薏仁水吧。我心想，就這麼簡單，盡人皆知的啊。

其實，並不是簡單的只喝薏仁水，而是需要把薏仁炒至表皮略焦黃後，每晚睡前取 15 克，加入 200 ～ 300 毫升的沸水，浸泡一晚，第二天起來空腹喝下，很適合現在的時節，最長可以喝到立冬之日。

中藥藥材的炮製方法是非常講究的。薏仁未炒前，性偏涼，經常煮喝容易傷身體元氣，炒後性平甚至偏微溫，有利於腸胃的吸收，且健脾的作用比生薏仁強，還可以治療脾虛引起的腹瀉，即使只是簡單地泡水喝，也能釋放出所有的能量。

以上是薏仁水的單方，後頁介紹一個雨水節氣祛濕排寒的終極方。

節氣食帖

炒薏仁薑茶

食材 紅薏仁、芡實、麥子、蜜棗、生薑適量。

炒薏仁方法 紅薏仁用清水快速漂洗乾淨，攤開晾乾水分後倒入無油的炒鍋，小火，慢慢翻炒至表皮微微焦黃，有明顯的焦香味出來。

芡實在明代《景岳全書》中有炒法記載，現在主要的炮製方法有清炒、麩炒等。

在家清炒，將芡實洗淨放入鍋中，翻炒至微黃即可，炒後性偏溫，補脾和固澀作用增強，適用於脾虛之證和虛多實少者。

做法 取食材放入鍋中，加清水，大火煮滾後，小火煮40分鐘左右即可。

蘆蒿炒北極甜蝦

正月蘆，二月蒿，三月四月當柴燒。

雨水時節正是蘆蒿最美味的季節。蘆蒿又名蔞蒿、香艾、水艾，古人稱蘆蒿為春蔬之上品。蘆蒿生長於長江中下游的湖澤江畔，是江浙地區百姓春季餐桌上的「常客」。

宋代蘇軾在〈惠崇春江晚景〉一詩中有：「蔞蒿滿地蘆芽短，正是河豚欲上時。」這裡的蔞蒿指的就是蘆蒿。詩人將蘆蒿與河豚相媲美，將蘆蒿推上了春蔬上品的寶座。

食材

蘆蒿……………………300 克
北極甜蝦………………100 克

調味料

鹽……………………………2 克
蒜末…………………………8 克
食用油……………………適量

做法

1 蘆蒿洗淨，掐頭去葉，根部較老部分去除，切成段；北極甜蝦需要去皮。
2 鍋內熱油，下蒜末炒香，放入蘆蒿快速翻炒至色澤成翠綠。
3 放入北極甜蝦、鹽。
4 炒勻出鍋即可。

草木萌動

末候 3月1～4日

我喜歡民間的東西，民間的節日，有煙火味，往往都接著地氣兒。

轉眼間就到了元宵節。雨水正月中，上燈圓子落燈麵。

正月十三是「上燈日」，這天吃圓子，也就是湯圓，圓子代表團圓；正月十八是「落燈日」，這天吃麵，取麵條「長」之意。

「上燈圓子落燈麵」的習俗，《儀徵歲時記》有記載：「（正月）十八落燈，人家啖麵，俗謂上燈圓子落燈麵，各家自為宴志慶。」落燈時吃麵條寓意喜慶綿綿不斷，有健康長壽之意。

流行於北方地區有一種元宵節麵食：麵燈，也叫麵盞、棉花燈，是用麵粉做的各種形式的燈盞，用食用油做燃料，多用穀物秸稈纏上棉花做燈芯，故稱棉花燈。

傳說元宵節的燈光是吉祥之光，有驅妖辟邪袪病之效。

記得以前家裡都是外婆來做麵燈，在這一天要捏十二個碗狀的麵燈，對應著一年的十二個月，如果是閏年，還要多加一盞燈。

天漸漸地黑了，麵燈悠悠地燃起來，孩兒們人手一只，端著出去鬧元宵，油盡而食。

八虛排毒

雨水期間，借大自然「發陳」之時，人體新陳代謝旺盛之機，拍打「八虛」，拍出人體毒素，拍出邪氣病氣，透過打通經筋來調養人的氣血，以達到養生保健的效果。

「八虛」其實就是人體的八個關節，即兩肘、兩腋、兩髀、兩膕。《黃帝內經》曰：「人有八虛，肺心有邪，其氣留於兩肘；肝有邪，其氣流於兩腋；脾有邪，其氣留於兩髀；腎有邪，其氣留於兩膕。」

◆ 拍兩肘窩

拍散心肺的邪氣病氣。肘窩部位，剛好是心經、心包經、肺經三條陰經通過的地方，還藏著兩個穴位：肺經的尺澤穴和心包經的曲澤穴。

◆ 拍兩腋

能防治肝病、心臟病。兩腋主要走四條經脈：肺經、心包經、膽經和心經。

◆ 拍兩髀

兩髀就是大腿內側與小腹交接處的腹股溝部位。拍打兩髀不僅能加速氣血運行、健脾胃，對防治婦科病也非常有效。

◆ 拍兩膕

就是拍膝蓋窩處，可以防治腰背疼，排毒清血管。

拍打的方法，以一手半扣狀拍打，由輕至重，每處每次拍 81 下。選擇體位的原則是人處於舒適的狀態下拍打，一般均採用站位。拍打的時間以 3 ～ 5 分鐘為宜，如果有出痧且沒有消散，暫不拍打，不要帶痧拍打。

拍打前後飲溫水 1 杯，可適當補充消耗的水分，加快代謝物的排出。拍打時應避風，拍打後洗浴要在 3 小時後，要用熱水，以免風寒之邪透過開泄的汗孔進入體內。

香菜鵝蛋羹

雨水來臨，潮氣上升，濕氣重，心脾胃容易受傷害。早春吃香菜，可醒脾，這個「醒」字，古人用得很妙。香菜可以說是一個開關，可啟動脾的功能，以升心胸的陽氣。

香菜蒸蛋羹，鵝蛋偏油性，香菜能解油膩、助消化。鵝蛋補氣，香菜通氣，這樣就補而不滯了，消化功能不強的人也可以吃。

食材

鵝蛋……2 個
香菜……2 棵

調味料

鹽……2 克
白蘭地酒……6 克
冷開水……適量
醬油……適量
香油……適量

做法

1 香菜洗淨切末。
2 將鵝蛋打入碗中，加鹽，再按 1：1 的比例加入冷開水打成蛋液。
3 蛋液中加白蘭地酒，攪拌均勻。
4 過濾蛋液到蒸碗中。
5 旺火燒水，水開後放入蒸碗，蒸熟大約需要 10 分鐘。
6 然後改用小火，加上香菜末蒸幾分鐘。出鍋後，淋點醬油、香油就可以吃了。

廚房小語

1. 沒有白蘭地酒，可用料酒代替，因鵝蛋腥味較重。
2. 加冷開水，蒸出鵝蛋會更嫩滑。

驚蟄

驚蟄，二月節。……萬物出乎震，震為雷，故曰驚蟄，是蟄蟲驚而出走矣。

——《月令七十二候集解》

桃始華

初候 3月5～10日

二十四節氣中，最喜歡驚蟄。

這個「驚」字，用得真好，萬物濕潤，蟄蟲驚而出走，有驚天動地的大美。

驚蟄原為「啟蟄」。中國最早的一部傳統農事曆書《夏小正》曰：「正月：啟蟄，言始發蟄也。」漢景帝的諱為「啟」，為了避諱而將「啟」改為意思相近的「驚」字，並將驚蟄挪至雨水節氣後，才形成了今天的順序。

日本的二十四節氣，也採用了唐代的《大衍曆》與《宣明曆》。「啟蟄」一詞在日本的使用始於貞享改曆的時候，沿用至今。

驚蟄春醒，桃始華。本來那個週六跟朋友約好去萬畝桃園，結果被一場春雨阻了行腳。到底不甘心，於是另抽空去了桃園。

前幾年，「四海八荒」之內最火的桃花，非電視劇《三生三世十里桃花》莫屬。自古以來，「桃者，五木之精也，故壓伏邪氣者也」，桃林桃花總是帶著那麼點神仙氣息。

若說到桃花可食，《神農本草經》載，桃花具有「令人好顏色」之功效。

清代孔尚任的《桃花扇．寄扇》中有這樣的唱詞：「三月三劉郎到了，攜手兒下妝樓，桃花粥吃個飽。」

桃花具有活血悅膚、瀉下利尿、化瘀止痛等功效。史傳楊貴妃就曾泡飲桃花茶，不但能減肥，而且能使臉色白裡透紅。但桃花性寒，經期不能喝，也不宜久服，否則會耗人陰血，損元氣。

順肝潤燥

世間水果千千萬，為何要挑這一個？梨，唯一在二十四節氣中占一席之地的水果。古人稱梨為「果宗」，即「百果之宗」。

驚蟄之時，民間有吃梨的習俗。吃梨，有順肝潤燥之效，「梨」還諧音「離」，據說驚蟄吃梨可讓蟲害遠離莊稼，可保全年的好收成。

古人吃梨，其實並不是單純圖它汁多味美，而更注重梨潤肺降火的效果。《本草綱目》中說梨可「潤肺涼心，清痰降火，解瘡毒酒毒」。

在唐朝，梨是要蒸著吃的。貫休的〈田家作〉寫道：「田家老翁無可作，晝甑蒸梨香漠漠。」說的就是唐朝老翁白天閒著沒事，會在家蒸個梨吃。

驚蟄時節，天氣明顯變暖、乾燥，這時人很容易口乾舌燥、外感咳嗽。而梨有「生者清六腑之熱，熟者滋五臟之陰」的效果，所以特別適合這個季節食用。

印象裡冰糖和雪梨更相配，配以其他輔料治療咳嗽有奇效。

節氣食帖

風寒咳嗽：花椒蒸梨

若是患了風寒感冒，進行食療應該以辛溫解表為主。

食材 梨 1 個，花椒 20 顆，冰糖 2 粒。

做法 將梨洗淨，靠柄部橫斷切成兩半，挖去梨核，放入花椒、冰糖，再把梨對拼好放入碗中，上鍋蒸 30 分鐘左右即可。根據個人食量，當次吃不完可分 2 次吃完。

風熱咳嗽：川貝蒸梨

若為風熱感冒，則應用辛涼解表之法。

食材 梨 1 個，川貝 5 ～ 6 粒，冰糖 2 ～ 3 粒。

做法 將梨洗淨，靠柄部橫斷切成兩半，挖去梨核，取川貝敲碎成末放入梨中，再放入冰糖，把梨對拼好放入碗裡，上鍋蒸 30 分鐘左右即可。

折耳根雪梨湯

折耳根，今天請它出來，是為你在冬天的放肆還債的。

你是否在冬天寒涼浸體時沒有來得及調理，是否吃多了辛辣、肥厚、油膩的食物，是否冬天經常熬夜、疲勞傷神？

那些鬱積在身體裡的「小火」，在春天生發的時候，相火不藏，就會容易上火、發熱、感冒。

折耳根清熱降火，雪梨亦有不錯的涼潤之效，有著湯水淡淡的甘甜，而自然奇妙的一點在於，此季生此物，此物又恰是此季人體調理的良品。

食材

折耳根……50克
雪梨……1個

做法

1 雪梨去皮、去核，切塊；折耳根洗淨，切段。
2 放入鍋中，煮15分鐘即可。

倉庚鳴

次候 3月11～15日

有時幸福也是可以不用錢的。

驚蟄次候倉庚鳴。何為倉庚？黃鸝也。《詩經．七月》曰：「春日載陽，有鳴倉庚。」倉庚，最早感知春意的靈物。

小野菜帶著渾身鮮嫩撲鼻的野氣，鋪陳出最清新的自然之味。人間的野花不用錢，地裡長出的野菜不用錢，這種小確幸也是可以不用錢的。

如果春天可以去野地裡摘野菜，最先想到的是薺菜，這才是春天該有的樣子。薺菜的味道很特別，那是我心目中真正的野味。

南方的朋友說，好想吃薺菜，廣州沒有薺菜。對我來說，沒有薺菜就像是沒有春天。薺菜，在初春它才是菜，等到暮春山花爛漫時，它就是野草而不是野菜了。

《本草綱目》中記載薺菜：「明目……補五臟不足，治腹脹，去風毒邪氣……久服視物鮮明。」薺菜就像甘草，是菜中的甘草，有調和藥性的作用。它平和，不偏寒，也不偏熱，能祛火但不傷身，能祛寒但不會上火。

無論你是寒熱不均引起的春日不適，還是冬天的寒氣鬱結變成了「火」，都好好吃一頓薺菜羹吧。

東坡先生的〈菜羹賦〉：「東坡先生卜居南山之下，服食器用，稱家之有無。水陸之味，貧不能致，煮蔓菁、蘆菔、苦薺而食之。其法不用醯醬，而有自然之味。」這種灶臺之趣，古時東坡居士也很受用。

驚蟄時節，繁花似錦，很多春天花粉過敏、易上火的朋友讓我推薦吃什麼好，考慮再三，能讓我安心拿得出手的，也就是薺菜了。

避風如避劍

避風如避劍，這是一句老話。

驚蟄時節，風為這一節氣的主氣，此時風邪最猖狂，應注意保暖，避風邪。

《黃帝內經》曰：「風者，百病之長也。」春季多風，傷人會從表皮、肌膚、經脈、骨骼滲透到五臟六腑，故而古人提出了「避風如避劍」的養生觀點。

而古人所講的「避風如避劍」之「風」，是指超離自然現象中正常之風的「虛邪賊虐」之風，因此，要當心風的入侵部位，從後腦到背，大致就是圍巾搭在後背遮住的幾個穴位，所以一定不要將這些部位暴露在外。

女性在春天洗頭後，用吹風機把頭髮吹乾時，可順便吹吹後脖頸，不讓水帶著濕氣從這幾個地方進入。春季早晨還是有一些寒涼，出門前可喝一杯紅糖薑茶，以預防感冒。

椒油拌韭芽

「正月蔥，二月韭」，韭菜自古就享有「春菜第一美味」的美稱，每年農曆二月是吃韭菜最佳的時節。

韭菜看似平常，但在民間被稱為「洗腸草」，有散瘀、活血、解毒的功效，還有促進腸道蠕動的作用。

初春的韭菜莖葉最為肥嫩多汁，其味辛香微甜，搭配綠豆芽，白綠相間，清爽可口，是一種舊時最喜歡的味道，可以恬淡中品味悠長的意蘊，真切感受人間煙火的氣息。

食材

韭菜……150 克
豆芽……200 克

調味料

小米椒……2 個
花椒……10 粒
鹽……3 克
糖……6 克
醬油……10 克
香油……適量
食用油……適量

做法

1 豆芽洗淨。
2 韭菜洗淨切段。
3 小米椒切片。
4 韭菜放入鍋中熱水裡，燙一下撈出，時間不能過長。
5 豆芽燙熟，撈出。
6 韭菜、豆芽菜、辣椒片放入熟食容器中，加鹽、糖、醬油、香油。
7 鍋中放油，下花椒炸香，倒入菜中，拌勻即可。

廚房小語

韭菜燙一下即可撈出，時間不能過長。

菜蟲化蝶

末候 3月16～20日

蟲蟲消消樂的民間大聯歡。

在中國，驚蟄末候叫「鷹化為鳩」，意思是鷹變化成鳩，但鷹和鳩是截然不同的鳥，怎麼可能隨意變化呢？這是古代人對事物觀察的錯誤造成的。

而日本的驚蟄節氣，依然沿用了中國古代的叫法「啟蟄」。它的第三候，也就是末候時會有「菜蟲化蝶」，倒是我們司空見慣的。

小時候洗菜，遇到的菜蟲不少，現在多施農藥，很少見菜蟲。菜蟲可化蝶的，最常見的是愛吃白菜和甘藍的菜青蟲，變成蝴蝶後也沒有什麼好稱道的。

農曆二月二是「龍抬頭」的日子，這一日食餅謂之吃龍鱗餅，食麵謂之吃龍鬚麵。龍抬頭這一天進行驅蟲活動，民間各地均有不同的除蟲儀式。

在古人看來，驚蟄雷動，百蟲「驚而出走」，從泥土、洞穴中出來，各種昆蟲（包括毒蟲）甦醒，開始頻繁活動。為了避免毒蟲的傷害，人們舉行一些含有驅蟲意味的活動。

在山東，二月二，家家戶戶炒燎豆，黃豆在鐵鍋裡爆炒劈啪響，寓意蟲子在鍋裡飽受煎熬蹦蹦跳跳。

不論東西南北，或熏或炒，取的皆是炒蟲、驅蟲之意，這些習俗寄託了人們最樸素的願望：滅蟲除害，企盼家人健康和莊稼豐收。

回南天

北方妹子聽到回南天：什麼，什麼回南天？誰回南天？回南天，是對南方一種天氣現象的稱呼，是指每年春天3～4月間，氣溫開始回暖、濕度開始回升的現象。

有關回南天，恐怕每個南方人都能寫出本《一千零一夜》來。一到回南天，無所不在的濕氣瀰漫在周圍，幾乎抓一把空氣就能擰出水來。甚至有網友調侃道：在廣東，不只眼前的苟且，還有「濕」和遠方。回南天，除了衣服晾不乾讓人難受之外，重要的是人體容易受到濕氣這個「小妖精」的侵害，抵抗力再好的「小仙女」，皮膚也容易過敏、長痘痘，甚至生濕疹，等等。老人還容易產生骨蒸潮熱、乏力倦懶、腹脹便溏等，這都是北方人不能領略的痛。

中醫上講，濕為陰邪，故而回南天祛濕是重中之重。真正的祛濕，必須要健脾益氣，溫中理氣，才能起到最佳的效果。

節氣食帖

扁豆陳皮山藥粥

這是一種性味平和的健脾化濕粥。白扁豆味甘，性微溫，健脾化濕；山藥味甘，性平，滋養脾胃，不熱不燥，滋而不膩；陳皮有健脾開胃、理氣和中的功效。

食材 白扁豆20克，山藥15克，陳皮3克，白米50克。

做法 所有食材一同放入鍋中，小火熬煮至食材煮爛。

切記，白扁豆要煮熟後才能食用，而且一次的進食量不可過多，寒熱病患者（症狀如腹脹、腹痛、面色發青、手腳冰涼、畏寒等），不可食用白扁豆。

香芹花生芽

黃豆芽、綠豆芽這些芽菜大家都不陌生吧，花生芽呢？花生發芽能啟動花生中的各種養分，讓營養翻倍，尤其發了芽的花生中白藜蘆醇含量比普通花生高出一百多倍。

春季要想舒肝散熱，芹菜是首選食材。畫重點：一定要人工發芽的花生才營養健康，而受潮發芽或霉變的花生芽有毒，不能食用！

食材

花生芽……300 克
香芹……2 棵
青尖椒……1 個
紅尖椒……2 個

調味料

鹽……2 克
醬油……10 克
香蔥末……適量
花椒……數粒
葵花籽油……適量

做法

1 新鮮花生芽去除根鬚、外皮，用清水漂洗乾淨。
2 用手把花生芽掐成小段。
3 青尖椒、紅尖椒和香芹分別切絲。
4 鍋內水煮滾後放一小勺鹽，把花生芽汆燙半分鐘左右撈出瀝乾。
5 鍋燒熱倒入葵花籽油，放幾粒花椒，炸香後撈出丟掉，隨後放入香蔥末炒香。再下香芹與青、紅尖椒絲翻炒。
6 放入花生芽大火快炒。
7 加入鹽、醬油翻炒均勻即可出鍋。

廚房小語

花生芽炒的時間不宜過長。

春分

春分，二月中。分者，半也。此當九十日之半，故謂之分。秋同義。夏、冬不言分者，蓋天地間二氣而已。

方氏曰：陽生於子，終於午，至卯而中分，故春為陽中，而仲月之節為春分。正陰陽適中，故晝夜無長短云。

——《月令七十二候集解》

玄鳥至

初候 3月21～25日

春分者，陰陽相半也，故晝夜均而寒暑平。

此時，嚴寒初遇溫暖，殘枝萌生嫩芽，雪和雨，都在這時開始，此消彼長，就是這樣一個中和溫厚的節氣。

春分既是節氣，也是節日，古代皇家有春祭日、秋祭月的禮制。清代潘榮陛《帝京歲時紀勝》記載：「春分祭日，秋分祭月，乃國之大典，士民不得擅祀。」

春分非常有趣的習俗——立雞蛋，不僅中國人愛玩，而且還「感染」了世界各國民眾。

春分時節，除了立雞蛋，祖先們還開發出嘗春菜、喝春湯、飲春酒的民間傳統習俗。浙江、山西一帶自古以來就有飲春酒的習慣，春分日，簪花喝酒田間走，「酒醒只在花前坐，酒醉還來花下眠」。

說說這男人簪花，男人俏起來，女人簡直比不了。簪花之風始於唐朝，當時的唐朝貴族效仿胡人的簪花習俗，將鮮花作為飾物插在頭上。簪花習俗真正興盛，是在一千多年前的宋朝，男子皆以簪花為時尚，尤其是俊俏的少年郎，更是熱衷於買來鮮花插在髮梢。

《水滸傳》裡也有對好漢們簪花的描述，病關索楊雄行刑後頭戴芙蓉花，小旋風柴進鬢插鮮花入禁院，浪子燕青愛戴四季花，短命二郎阮小五插石榴花，劊子手蔡慶的綽號就是一枝花。

「春分雨腳落聲微」，「日月陽陰兩均天，玄鳥不辭桃花寒」，正是簪花飲酒時。

春行秋令

熬過了冬天，卻要凍死在春天。

昨夜，寒潮來襲。是春風，卻猶如冬風，捲起漫天沙塵。

這一年春分，有秋殺之氣，就是在播種之時即見肅殺之氣，春天裡發生了本該在秋天裡才有的事，乍暖還寒，出現了好多次倒春寒。

時節那麼難熬，來一碗陰陽調和湯吧，別讓邪氣近身。今天的這個陰陽調和湯，是暖胃祛寒濕的「四神豬肚湯」，專門護佑中焦脾胃，喝下去感覺腹中暖暖的。

「四神」是指薏仁、蓮子、芡實和山藥這四位「大神」。這幾樣東西合在一起，互相補遺，再加上豬肚可健脾胃，益心腎，補虛損，食療效果非常好，而且這個湯料都很常見，非常好買。

冷風冷雨的倒春寒日子裡，平補的「四神湯」，能滋補調和五臟，健脾利濕，養心益氣，餐桌上有這樣一碗熱氣騰騰的鮮湯，總是能溫暖你的心肺，這個湯，大人、小孩、老人都可以喝，沒有禁忌。

節氣食帖

四神豬肚湯

食材 豬肚1個，薏仁20克，蓮子20克，芡實20克，山藥15克，米酒3湯勺，清水適量，鹽適量。

前置 首先豬肚要清洗乾淨。

買回豬肚，用剪刀將豬肚上面的肥油去除，先在冷水中浸泡約20分鐘。翻過豬肚，加1大勺鹽，1大勺醋，反覆將豬肚揉搓，內外都要搓到，這時會有很多黏液被搓出來，此過程反覆3次。

然後將豬肚放入清水鍋中，加入十幾粒花椒，煮沸，撈出，即可用以烹飪菜餚了。

做法 豬肚、藥材清洗乾淨，放入砂鍋中，加入清水煮滾後，加米酒3湯勺，煲至蓮子軟爛，調味即可。

豬肚一定要清洗乾淨，否則會有異味，影響口感。洗豬肚時不宜用鹼，因為鹼具有較強的腐蝕性。

香椿拌素雞

你再不吃，我就老了。

香椿，春分時節當令的樹上蔬菜，微甜沁心。雨前椿芽嫩如絲，雨後椿芽如木質。一旦過了穀雨，香椿便不復鮮嫩，因此吃香椿一定要趁早。

香椿雖然好吃，但它所含的硝酸鹽和亞硝酸鹽高於一般蔬菜，所以，香椿的健康吃法是：吃早、吃鮮、汆燙、慢醃。

越嫩的香椿，硝酸鹽含量越低，因此要挑選質地鮮嫩的，要即買即吃，或者汆燙之後凍藏或醃製保存。而要嘗香椿的鮮，簡單的料理方法最能保住其味。

食材

香椿……150 克
素雞……200 克

調味料

糖……5 克
醋……20 克
醬油……10 克
香油……5 克
紅油……5 克

做法

1 素雞切丁。
2 將素雞放入鍋中汆燙，撈出瀝乾水分。
3 香椿汆燙，變綠立即撈出瀝乾。
4 素雞放入大碗中。
5 香椿切碎，放入大碗中。
6 調味料另放入碗中，拌勻，倒入素雞和香椿拌碗中，拌好後醃製 1 個小時左右即可。

廚房小語

1. 調味料可依自己的喜好搭配。
2. 若是喜歡原汁原味的，只加入鹽、香油即可。

雷乃發聲

次候 3月26～30日

盎然春意裡，手捧一卷《詩經》，穿梭在清雅、飄逸、超脫世俗的古風中，邂逅窈窕的青衣女子，尋覓野菜春蔬的意趣，品味春日的美好時光。

在江南，枸杞芽兒、艾草和馬蘭頭被稱為「春野三鮮」。

還記得《紅樓夢》第六十一回中，柳家的抱怨那些恃寵生嬌的小丫鬟，不時來大觀園小廚房要這要那，忍不住發了幾句牢騷，其中讚到寶釵與探春：「連前兒三姑娘和寶姑娘偶然商議了要吃個油鹽炒枸杞芽兒來，現打發個姐兒拿著五百錢來給我。」

枸杞芽兒被稱為「天精草」，由寶姑娘春日裡吃枸杞芽兒來看，她確實深諳中醫養生之理。

常吃麵條的你，吃過麵條菜嗎？春天的麵條菜是養陰潤肺、清熱解毒的好野味。

記得母親做的炒雜糧野菜，就是用一種叫麵條菜的野菜做的。麵條菜是和薺菜一樣的野菜，多生長在黃河中下游地區，是河南、山東地區的人特別愛吃的一種野菜。初春的麥田和田埂地頭，都有著麵條菜的身姿。它因葉片細長，形似麵條而得名。

陌生的野菜不建議吃。並不是所有野菜都可以吃，不認識、不熟悉的野菜最好不要採，更不要吃，如野胡蘿蔔、野芹菜、鮮地黃等，這些野菜誤採誤食，容易中毒，有時後果還很嚴重。

| 補虛瀉實 |

春分、秋分為陰陽二氣的中和之日，這兩天正好晝夜平分，陰陽各半。陰氣和陽氣在上升與下降運動中的交會點，古人稱之為日出、日入，也就是「二氣之交」的卯時和酉時。佛道修行人的早課和晚課，恰恰正是這兩段時間。

《黃帝內經．素問．骨空論》：「調其陰陽，不足則補，有餘則瀉。」補虛瀉實即補充人體正氣和排除有餘邪氣之意。

春分時節，是草木生長萌芽期，人體血氣充足，激素水準也處於相對高峰期，在此節氣要尋找身心平衡、陰陽和合，飲食上應保持膳食均衡，避免走進偏熱、偏寒、偏升、偏降的飲食誤區，以達到陰陽平衡之目的。

◆ 小呼吸蘊藏大學問

呼吸的奧祕：補虛瀉實的停閉呼吸法。

吸氣、吐氣之間，或一次呼吸之後停頓片刻再繼續的呼吸方式，被稱為停閉呼吸。

方法：吸——停——吐，吐——停——吸，吸——停——吸——吐。

其中的「停」起到了保持當前狀態的作用。

一般而言，吸氣具有補虛的作用，吐氣具有瀉實的作用，故吸氣之後的「停」則突出了吸氣，能增強補虛的作用，適合虛症患者；吐氣之後的「停」加強了泄瀉的作用，適合實症患者。

蘆筍薩拉米腸沙拉

沒有蘆筍的春天，是令人絕望的。

3 月間的蘆筍，清香青翠，許多西餐的前菜都會用到蘆筍，並經常和紅肉作搭配，如這道蘆筍薩拉米腸沙拉。

薩拉米香腸是歐洲人喜愛食用的一種醃製肉腸，與蘆筍一起食用，不僅有爽脆口感，而且清新不油膩。

食材

薩拉米香腸..................8 片
蘆筍..........................200 克
小番茄..........................2 個
玉米筍........................50 克
熟雞蛋..........................2 個
紅酸模..........................2 片

調味料

法式黃芥末醬............10 克
義大利黑醋................15 克
橄欖油..........................3 克
蜂蜜..............................5 克
鹽..................................2 克

做法

1. 沸水加少許油和鹽，下蘆筍、玉米筍汆燙 2 分鐘，瀝水冷卻。
2. 將蘆筍、玉米筍、小番茄、薩拉米香腸、熟雞蛋、紅酸模放入沙拉碗中。
3. 再取一個碗，將所有調味料放入碗中拌勻，倒入小瓶中，搖晃至乳化成醬汁。
4. 將醬汁倒入沙拉碗中拌勻。

始見閃電

末候 3月31日～4月4日

仙草吃多了，你會「飛升上仙」。

婆婆家屋後有一片桑樹，春天的桑葚，那味道有一種說不出來的清甜，相信許多人都喜歡吧。

桑葉你一定見過，也知道它是蠶寶寶的食物。桑葉的味道，或許你一定認為是又苦又澀的，你可知道它是奇妙的蔬菜，是可以吃的？

桑芽菜就是桑葉，但又不是普通的桑葉，是桑枝上最嫩的兩片嫩芽，觀之就感到清爽。用以入饌的桑葉，是桑樹中的大葉品種。

吃桑葉也有季節，每年從春天可以一直吃到秋天，通常以3、4月分的味道和口感最妙，正是不時不食的時令食材。

此時的桑葉既可涼拌，也可清炒，還可做調味料烹飪桑葉蒸雞、桑葉蒸肉餅、桑葉卷等菜餚，隱隱透著桑葉的清新氣息。

桑葉入口甘香，沒有苦澀味，細細品味，有恰到好處的纖維質地感，有清氣浸潤人的肺腑之內，似乎連眼神裡也會生出別樣的淡遠與清亮來。

桑葉有疏散風熱、清肺潤燥、清肝明目的功效。《本草綱目》記載：「桑箕星之精神也，蟬食之稱文章，人食之老翁為小童。」

霜降後的桑葉藥效最強，秋後經霜打的桑葉民間稱為「神仙葉」，《神農本草經》中稱桑葉為「神仙草」。

｜以「和」爲本｜

吃對了，才養生，才不辜負春光。

古人云：「春分者，陰陽相半也。故晝夜均而寒暑平。」

也就是說，春分正是一年四季中陰陽平衡、晝夜均等、寒溫各半的時節。

中醫講究「天人合一」，故春分養生定要順應此時的節氣特點，要講求「平和」，以和為貴，以平為期。

春分本來應是陰陽平衡之時，人體內的陰陽會隨著節氣開始爭鬥。

陽虛之體，陽弱不能與陰平衡，所以容易發生五更瀉；另一種是餐後瀉，就是完穀不化的腹瀉，平時常喝乾薑燉雞湯，可得以緩解。

早在兩千多年前，孔子說過：不時，不食。

不是這個時節的食物不吃。生長成熟符合節氣的食物，才能得天地之精氣。

春分飲食忌偏熱、偏寒、偏升、偏降，時令菜有養陽的韭菜，助長生機的豆芽、萵苣、菠菜、豆苗、蒜苗、蘆筍，滋養肝肺的草莓、青梅、杏、李、桑葚、櫻桃，等等。

如烹調魚、蝦、蟹等寒性食物時，必佐以蔥、薑、酒、醋類溫性調味料，以防菜餚性寒偏涼食後損脾胃引起腹部不適。

又如在食用韭菜、大蒜等助陽類菜餚時，常配以蛋類等滋陰之品，以達到陰陽互補之目的。

芝麻葉青醬義大利麵

春風十里，不如春菜陪你。

芝麻葉又叫火箭生菜，因咀嚼後會散發濃烈的芝麻香味而得名，其實它和芝麻沒有一點關係，可人們還是會被這傢伙濃郁的芝麻香引誘。

芝麻葉用法相當隨意，可以抓幾片放沙拉裡一起拌；烤好的披薩上也可以撒十幾片；還可以在早餐三明治裡夾幾片，堪稱綠葉蔬菜裡的百搭單品。

芝麻葉還可以用來做芝麻青醬，一般搭配核桃仁製作，放進密封罐內，吃義大利麵的時候用來拌麵，別有一番風味呢！可以吃出清新爽口的春日氣息。

食材

芝麻葉......................130 克
生核桃仁....................60 克
埃曼塔起司................60 克
義大利麵（直麵）...200 克

調味料

橄欖油........................70 克
蒜瓣.............................6 個
海鹽............................適量
黑胡椒粒.....................適量

做法

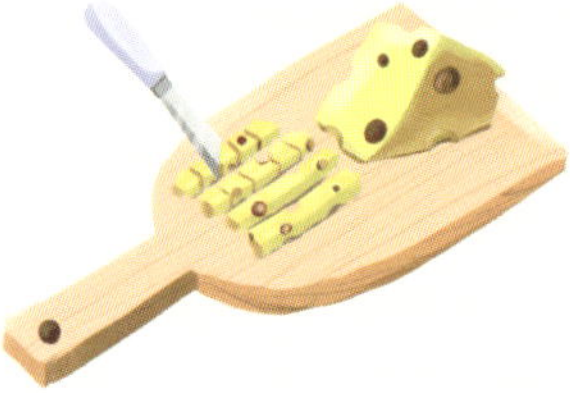

❶ 取蒜瓣 6 個和生核桃仁，平鋪在烤盤內，放入烤箱以後 160°C 烤 10 分鐘。

❷ 芝麻葉洗淨瀝乾、埃曼塔起司切成小塊備用。

❸ 將芝麻葉、蒜瓣、埃曼塔起司、熟核桃仁和橄欖油放入破壁機杯中，攪勻成細膩的芝麻葉青醬。

❹ 將芝麻葉青醬倒入小鍋中，撒上適量的海鹽和黑胡椒粒。

❺ 湯鍋內加水，撒 1 勺鹽，放入義大利麵，大火煮沸之後轉中火，繼續煮 7 ～ 8 分鐘。煮好的義大利麵撈出瀝乾水分，然後拌入芝麻葉青醬即成。

清明

清明，三月節。按《國語》曰，時有八風，曆獨指清明風為三月節。此風屬巽故也。萬物齊乎巽，物至此時皆以潔齊而清明矣。

——《月令七十二候集解》

桐始華

初候 4月5～9日

清明在二十四節氣裡，是個跨界的異數，悲喜共生的存在，既是節氣，又是節日。

《曆書》記：「春分後十五日，斗指丁，為清明，時萬物皆潔齊而清明，蓋時當氣清景明，萬物皆顯，因此得名。」因此時氣候清爽、景物明朗，萬物都潔淨而清明，而得名。

開在清明的桐花，被視為清明節氣之花。桐花的盛開，是春色的頂點，卻也預示著春天將逝。

幾多悲傷，幾多歡樂，都是同一個清明。悲是緬懷先祖，樂是踏青郊遊，有時候想，古人竟何以如此「分裂」呢？

其實，古人追求的是樂天知命的人生最高境界，於是乎「天人合一、隨遇而安」就成了他們的人生態度。只要讀懂了農耕文明時期先人們的人生態度，疑問便會自然消失。

寒食已隨雲影杳，祭祖無妨踏青遊。該祭奠時祭奠，祭祖盡孝不必悲戚；該遊樂時遊樂，郊野踏青不必拘束，由記掛先人的追思轉為開闊暢然的心境，情感的寄託和自然的賜予並存。

| 草木成精 |

說說野菜的從良史。

◆ 艾葉

一到清明，糯米糰子這東西就綠了——青糰（草仔粿）。過了上千年，青糰還在，而青糰的「青」，是從草汁擠出來的。遍覽中國大地，在清明，能做青糰的青草有：艾葉、鼠鞠草、雞屎藤、泥胡菜、小麥草等。它們帶著各自獨有的能量，生長於春。

艾葉，最能代表青糰的氣質，清明時節艾葉有最頂尖的嫩陽之氣，是植物界的「陽中之陽」，正好用來養肝氣，《本草綱目》載：「艾以葉入藥，性溫，味苦，無毒，通十二經」，艾葉溫補，還能祛寒濕，春天的南方濕氣重，容易肝脾不和，可吃些嫩艾葉。

◆ 薺菜

薺菜被古人稱為「天然之珍的靈丹草」，《千金食治》中有：「味甘澀，溫，無毒，涼肝明目。」薺菜可降壓、健胃消食、強筋健骨、明目養肝、潤肺和中，有助於增強免疫功能。薺菜的吃法多種多樣，每一種吃法都能完美地演繹出純天然的春天味。

◆ 蕎頭

蕎頭，又稱藠頭，古人謂之薤。蕎頭打眼一看，有點像我們平時常見的小蔥，細看就會發現，還是非常不一樣的，蕎頭比蔥白，更加肥美，更為白嫩。蕎頭，僅在清明節前後才能吃到，也叫清明菜。它賞味期很短，卻是專通寒滯的通陽妙品呢，能通上中下三焦的寒滯。

《本草求真》中記載：「味辛則散，散則能使在上寒滯立消；味苦則降，降則能使在下寒滯立下；氣溫則散，散則能使在中寒滯立除；體滑則通，通則能使久痼寒滯立解。」

◆ 夏枯草

《濟世仁術》曰：「三月三日，採夏枯草，煎汁熬膏，每日熱酒調吃三服。治遠年損傷、手足瘀血，遇天陰作痛，七日可痊，更治產婦諸血病症。」

夏枯草散結消腫的能力比較強，一些身體的舊傷，瘀血、生孩子留下來的月子病，都是很難治癒的，三月三所採的夏枯草，卻被賦予了這種神力。

◆ 烏稔葉

烏稔樹又叫南燭樹，在古代，它有個好聽的名字——染菽。

《歲時廣記》中有：「居人，遇寒食，採其葉染飯，色青而有光，食之資陽氣。」為道家所創，道家謂之青精飯。

李時珍《本草綱目》記載：「此飯乃仙家服食之法，而今釋家多於四月八日造之，以供佛耳。」

食烏稔飯是南方多地的清明食俗，尤以江南為最。名裡帶了個「烏」字，是因為稔樹葉裡的花青素使粒粒米飯烏黑發亮、透著清香。

◆ 盤龍參

這種只在清明時現身的藥草，又叫清明參，學名叫作「綬草」，是清明養生的神奇之物。綬草是一種民間常用的中草藥，它性味甘平，滋陰益氣，對病後氣血兩虛的調理作用非常好。煮水當茶飲，具有益陰清熱、潤肺止咳、消炎解毒之功效。

每種植物，在某個時節，都有自己的巔峰時刻，有自己最好的狀態。此時的春草即使沒有成精，也是一年中最通天地之氣的。

青糰

青糰是江浙一帶的特色食物，北方是沒有的。隨手可得的一抹綠意做成的青糰，既兼顧外觀與滋味，清新軟糯，實在想不出第二種食物能與之媲美。

不如親自動手來做一次青糰吧！不甜不膩，聞著清淡卻悠長的青草香氣，追憶那些過往的人和事。

食材

糯米粉……130 克
澄粉……25 克
艾草粉……4 克
細砂糖……10 克
豬油……10 克
沸水……130 ～ 140 毫升

餡料

豆沙餡……適量

做法

1 艾草粉加 90 毫升沸水攪拌均勻成汁液。
2 澄粉加 40 毫升水煮至黏稠，沸煮過程中需不停攪拌成糊狀。
3 艾草汁、澄粉糊、細砂糖、豬油一起放入糯米粉中，揉成麵糰。
4 取一麵糰，包入一團餡。
5 搓成湯圓一樣大小。
6 蒸籠內鋪一張玉米皮或蒸籠紙，將青糰整齊排進蒸籠，水煮滾後大火蒸 15 分鐘。

廚房小語

1. 糯米粉的吸水量不同，水可酌量加減。
2. 弄不到艾草的朋友，可在網路上買艾草粉或艾草汁。

田鼠化為鴽

次候　4月10～14日

野餐你去過，可你見過這樣野的嗎？

在古代，清明是一個歡樂的日子，尤其適合踏青郊遊，文人墨客帶上酒食，尋一山清水秀之處，臨水而坐，曲水流觴，吟詩作賦。

唐朝的長安，每到農曆三月初三前後，「春光懶困倚微風」、「嫩葉商量細細開」。

長安仕女趁著明媚的春光，錦衣長袖，騎著溫良性情的馬，或者坐著華麗的馬車，帶著隨從和極其豐盛的美酒佳餚，來到曲江池邊，選一處風景上好的地方駐馬設宴，以竹竿掛起罩裙遮蔽初起的陽光，便是臨時的飲宴幕帳。

女子們在此鬥花、宴飲，這紅的、紫的、藍的各色「裙幄」，三三兩兩散於堤岸上，這就是聞名天下的「裙幄宴」。

唐朝張籍〈寒食內宴〉：「朝光瑞氣滿宮樓，彩纛魚龍四周稠。廊下御廚分冷食，殿前香騎逐飛球。千官盡醉猶教坐，百戲皆呈未放休。共喜拜恩侵夜出，金吾不敢問行由。」

所謂冷食，即已做成的熟食。據史料載，唐朝的冷食有乾粥、醴酪、冬凌粥、子推餅、饊子等。

｜子時睡眠｜

春天犯了什麼錯？抑或是你在春天犯了什麼錯？古人認為晚上 9 點以後睡就算晚了。可是你呢，只會嚷嚷「臣妾做不到啊」，所以你肆意到 11 點前也就差不多了。

清明是排毒減脂最易有成效的時節，讓身體恢復「清淨」狀態，最簡單的方法就是睡好「子時覺」。晚上 11 點至次日凌晨 1 點的子時，是「清淨之官」膽經當令，當令就是當班的意思，也是身體「一陽來復」的時間。

《黃帝內經》裡有一句話叫作「凡十一藏皆取於膽」。子時是一天中最黑暗的時候，陽氣開始生發。膽為少陽之氣，主升清降濁，是身體的「清淨之府」，膽氣生發起來，全身氣血才能隨之而起。此時睡眠，可讓膽經修復一天中的濁氣，達到體內環境的天清地淨。

清明時節，身體一點點的不潔淨、毒素瘀積，都會被「清明氣」感知到，這段時間特別有偏頭痛、眼睛發脹、易怒的症狀。尤其是患有高血壓的老人，容易出現頭疼、暈眩，所以要格外注意，要平肝木、清膽濕、定膽氣。

節氣食帖

和合湯

讓身體恢復清明之氣。

湯料 乾百合25克，黑豆10克，蓮子10克，大棗6枚，核桃仁15克。

做法 將百合、黑豆、蓮子提前浸泡1小時，大棗去核，將所有材料放一起煮湯喝。

百合入肺經、膽經，黑豆入膽經、腎經，皆為清明之物。它們潤肺氣、定膽氣，寧心安神，令神明清爽，可幫助身體恢復天清地明、陰陽和合的格局。

草頭水煎餃

苜蓿芽，又名草頭、金花菜、三葉草，是古老的野菜品種之一，直到清代後期才從野菜漸漸地成為園蔬。

草頭煎餃，是上海高橋地區的特色美食，也是當地的「名片」之一，被許多老上海熟知，其原料極其平常，即為每年春末夏初田頭的老草頭，經過晒乾就成草頭乾，然後將草頭乾斬細，再用旺火重油重糖煸炒，以小火收乾，加以配料和手工精製，現在居然成了高檔酒宴的點心。

我做的這款苜蓿芽水煎餃，用的是鮮苜蓿芽而不是乾苜蓿芽，若是你不嫌麻煩的話，也可把鮮苜蓿芽晒乾，再做苜蓿芽水煎餃。

餃子皮

麵粉……300 克
酵母……5 克

內餡

豬肉餡……150 克
苜蓿芽……200 克
蔥末……10 克
薑末……10 克
鹽……4 克
醬油……15 克
蠔油……10 克
香油……適量

其他

食用油……40 克
麵粉水……200 克

做法

1 將麵粉與酵母混合後，加入溫水和成麵糰，靜置 15 分鐘。
2 豬肉餡內放入薑末、蔥末、醬油、鹽、蠔油、香油醃製 20 分鐘。
3 苜蓿芽洗淨，汆燙，撈出。
4 將苜蓿芽切碎，放入豬肉餡中拌勻。
5 麵糰分割成小塊，擀皮，包上餡捏成餃子。
6 平底鍋中刷勻油，放入包好的餃子，淋入食用油 20 克。
7 蓋上蓋煎 5 分鐘。
8 倒入 200 克麵粉水（即清水內加入少許麵粉後攪開），再蓋住煎燜，使水變成蒸汽傳熱燜熟；淋入 20 克食用油，再蓋住燜煎 5 分鐘。餃子底部呈焦黃色時，離火即成。

廚房小語

1. 做水煎餃餡料不能太濕，麵皮也不要太軟太薄，否則受熱後會出汁，滋味也就隨著湯汁跑掉了。
2. 製作麵粉水的比例是水和麵粉 10：1。

虹始見

末候 4月15～19日

詩意而浪漫的上巳節，我們再也回不去了。

在古代，農曆三月三是上巳節，如今已經存在感極低了。

上巳節曾經與春節、中秋節齊名，大約起源於春秋，興起於魏晉，盛行於唐朝，至宋代以後，理學興盛，男女授受不親的禮教漸趨森嚴，上巳節這個美好詩意的節日，很可惜地逐漸消失在人們生活中。

《詩經．鄭風．溱洧》寫：「溱與洧，方渙渙兮。士與女，方秉蕑兮。女曰觀乎，士曰既且。且往觀乎，洧之外，洵訏且樂。維士與女，伊其相謔，贈之以勺藥。」

這段文字描寫了鄭國三月三上巳節的場景。在這春情盎然的時日裡，男女踏青幽會，互定終身。上巳節同時也是中國最古老的情人節，比西方情人節早了上千年。

了解日本傳統文化的朋友，對日本女兒節肯定是熟悉的。日本女兒節又叫「上巳」、「桃花節」或「雛祭」，是日本民間五大節日之一。

其實，日本的女兒節源自中國的農曆三月三上巳節，是融合了中國傳統與日本本土文化之後形成的節日。令人遺憾的是，這麼富有詩意而浪漫的上巳節，在今天中國的大部分地區已經基本看不到了。

洗濯祓除

三月三上巳節洗白白，災禍與你說拜拜。

「三月三，生軒轅」，相傳三月三是黃帝的誕辰，因此上巳節也是紀念黃帝的節日，後來演變成上巳節祓禊，人們結伴到河邊沐浴，用蘭草洗身，用柳枝蘸花瓣水點頭身。祓，是祛除病氣，使身體清潔；禊，是修潔淨身。

《周禮·春官·女巫》有「女巫：掌歲時祓除、釁浴」的記載，鄭玄注：「歲時祓除，如今三月上巳，如水上之類，釁浴謂以香薰草藥沐浴之。」

《論語·先進》：「暮春者，春服既成，冠者五六人，童子六七人，浴乎沂，風乎舞雩，詠而歸。」描寫的就是當時的情景。

◆ 清明藥浴方

艾草、菖蒲、野菊花、茵陳、麻柳樹葉、柳樹枝、野薄荷、桑葉各 15 克煎水，放至適宜溫度，不加其他生水，沐浴、擦身、泡腳，或給孩兒泡澡。

功效：該藥浴小方，能調養血脈，清肝膽濕熱，祛風除濕，功效明顯，令身體的濕濁之氣透過發汗來祛除。

枸杞葉方

《萬花谷》曰：「初三日，取枸杞煎湯沐浴，令人光澤不老。」枸杞沐浴一般用的是枸杞葉、枝、根。

功效：枸杞根就是中藥地骨皮，有清熱涼血、清降肺火的功效；枸杞葉補虛益精，清熱止渴，祛風明目，用枸杞全株煮水泡澡，此時節再合適不過。

在這裡多插一句：鮮枸杞葉是春天的恩物，用來燉好喝的豬肝湯，補肝腎明目又降肺火。

貽貝也叫海虹或青口貝，《本草綱目》稱它為東海夫人，晒乾後稱為淡菜。

吃貽貝講究季節，每年３～５月都可以吃，尤其是清明前後的貽貝最為肥美，過了五一（５月１日）就不行了，喜歡吃貽貝的朋友千萬要抓住時機會喲！

法式貽貝

食材

貽貝........................1000 克

調味料

紅蔥頭........................3 個
歐芹........................1 棵
大蒜........................4 瓣
胡椒粉........................5 克
鹽........................3 克
奶油........................20 克
鮮奶油........................10 克
白葡萄酒........................150 克

做法

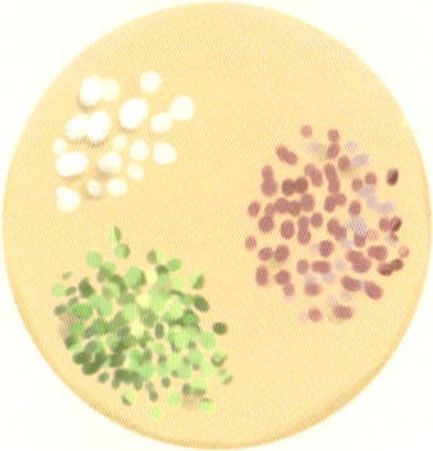

❶ 洗乾淨貽貝，但是注意不要刮到貽貝的外殼，不然煮貽貝的湯汁會變黑。當然，外殼有破損的也要拿出來。

❷ 大蒜、歐芹、紅蔥頭切末。

❸ 將奶油放入鍋裡融化後改中火。加入切好的蒜、紅蔥頭末，翻炒至紅蔥頭末開始焦糖化。加入白葡萄酒。

❹ 拌勻後加入洗乾淨的貽貝，燜3分鐘左右，在這期間攪拌幾次。

❺ 貽貝殼都打開後，代表已熟了。按照自己喜好口味加鹽、胡椒粉、鮮奶油調味湯汁。

❻ 湯汁稍微黏稠後，撒上歐芹末即可出鍋。

廚房小語

沒有紅蔥頭可用洋蔥代替，沒有歐芹可用香菜代替。

穀雨

穀雨，三月中。自雨水後，土膏脈動，今又雨其穀於水也。雨讀作去聲，如『雨我公田』之雨，蓋穀以此時播種自上而下也。故《說文》云雨本去聲，今風雨之雨在上聲，雨下之雨在去聲也。

——《月令七十二候集解》

萍始生

初候 4月20～24日

暮春了，清明攜著一場涼雨遠去，浮萍初生，隨水漂浮。此時北方才剛磨磨蹭蹭進了春，而南方已經準備好了迎接這一年的雨季。

這是一年中最豐盈的節氣，說春歸夏至，說寒盡暑來，說雨生百穀，說萬物生長，也是唯一將物候、時令與稼穡農事緊密對應的一個節氣。

穀雨前後，種瓜點豆。小時候，家門前有一塊田地，在農村，幾乎家家門前都有這麼一塊地，母親、外婆總是會種豆種菜。

她們最喜歡種的是絲瓜。絲瓜大多種在菜園的邊邊角角，足下有一抔土，絲瓜十分謙虛地紮下根，一條條細細的莖蔓藤，似三跪九叩般沿著籬笆向樹爬去，它一身掛著手掌似的葉子向前匍匐，窸窸窣窣，全是心聲。

每年還得留幾條老的絲瓜做種，還取絲瓜絡——老的絲瓜摘下來，晒乾，敲掉外面的皮和裡面的絲瓜子。絲瓜子不好吃，有腥氣。

絲瓜絡大多是白的，也有的略黃，可用來刷鍋洗碗、擦灶臺，也可用它洗澡。用絲瓜絡洗澡時，新絲瓜絡太扎皮膚，身上一擦，皮膚就紅了，像軟質的銼刀，須在上面塗一些肥皂才潤滑一些。我一般選小絲瓜絡，感覺柔和一點。

脾王之時

再也不曾發現，還有其他時節能夠像仲春這般蘊含這麼多的祕密。

穀雨正是春夏交接的節氣，也是「脾王」之時。《素問・太陰陽明論》中有，「脾不主時何也？」、「脾不獨主於時，而寄旺於四季之末。」

也就是說，「脾」只在每季末旺盛，氣血應四季而流布、調整，其實就是人要適應季節的變化。

張仲景補脾溫陽的方子中，最喜歡用的藥是甘草、大棗、生薑，都是入脾胃經的。甘草、大棗味甘，是入脾的；生薑既能健脾，還有和胃的功效。

春到穀雨，很快就是立夏，此時麥穗灌漿、小孩長個，人體容易在清與濁之間徘徊，應得時氣滋養，讓清氣上升、濁氣下降。

野蠻生長的春菜，怎麼吃才好吃？

◆ 苦菜：升心之清氣

苦味入心，可降心頭之火，除煩躁。《本草綱目》云：「久服安心益氣，輕身耐老。搗汁飲，除面目及舌下黃。」

◆ 馬齒莧：降五臟濁熱

馬齒莧雖不起眼，匯彙聚了木、火、土、金、水五行精氣，它還有個神奇名字：五行草。它的清熱作用是全方位的，心、肝、脾、肺、腎，不管何處有熱，馬齒莧都能清之。用馬齒莧清熱，當菜來吃就很好。

但要注意，腸胃虛寒的人，吃馬齒莧容易拉肚子，要慎食。另外，孕婦也不能吃。

蒲公英：降胃濁不傷身

古醫書《本草新編》中記載：「蒲公英，亦瀉胃火之藥，但其氣甚平，既能瀉火，又不損土，可以長服久服而無礙。」胃火盛，一般症狀為牙齦腫痛、口臭、便秘等。用蒲公英的嫩葉汆燙後涼拌來吃，或者煮水喝，下胃火又不損傷脾胃。

車前草：降膀胱濕熱

車前草，清膀胱濕熱火氣，能明目，而且還能去脾之積濕。感覺濕氣重時可以煮一壺當茶飲，春夏之季的濕熱感冒、腹痛腹瀉，一碗車前草煲豬肚就可以治好。

車前草在中國大部分地區都是隨處可見的野草，廣州很多老菜場有賣，也可以去路邊挖一些回來。

拌海螺 白葡萄酒醋

春風裡已經有夏天涼菜的味道了。

又到了吃海螺的時節，超市裡可以買到鮮活的海螺，拌海螺是最爽口的吃法，海螺富含維生素 A，對保護眼睛的健康十分有益。

這道菜，用的是白葡萄酒醋，它是歐美常用的一種食用醋。葡萄酒醋與葡萄酒的成分相似，且果香濃郁、酸度適中，集調味、藥用、保健功能於一身。

食材

海螺……5 顆
香椿苗……30 克
薑絲……15 克

調味料

鹽……2 克
糖……3 克
白葡萄酒醋……30 克
白蘭地……10 克
橄欖油……5 克

做法

1 新鮮的海螺洗乾淨，鍋內加水放入海螺，水沒過海螺即可，根據海螺大小把控時間，一般開火後煮 15 分鐘左右。
2 香椿苗去根洗淨，薑切絲。
3 將鹽、白葡萄酒醋、白蘭地、橄欖油、糖放入調味料碗中拌勻。
4 取出螺肉後，切記去掉內臟。海螺後部呈螺旋狀且顏色發黑的部分即爲內臟。
5 將螺肉切成薄片，放入碗中。
6 加入醬汁拌勻即可食用。

廚房小語　沒有白葡萄酒醋，可用蘋果醋代替。

鳴鳩拂其羽

次候　4月25～29日

槐花能吃這件事，很超出想像嗎？

過了穀雨，陰了兩天，說不上暖和，槐樹一直是綠綠的嫩葉子。天晴氣暖，槐花暫態開滿，隨著溫潤的陽光，槐花的清甜一起竄到舌尖上。

週末回老家，採槐花，然後吃掉它。

槐分兩種，一種是國槐，一種是洋槐。中藥中的槐花指的是國槐的花，是因它不夠甜美，所以成了被嫌棄的那個。

的確，《本草綱目》裡明確記載：「槐花，苦。」那就這樣吧，老老實實當一味中藥也蠻好。

洋槐，學名刺槐，原生於北美洲，在清朝中後期才引種來中國。我們愛吃的、甜甜的白色槐花其實是洋槐的花。攀著槐枝，一朵一朵地採下來，滿當當一場春日宴。

細數槐花的吃法，我覺得最好吃的要數槐花麥飯。到家先把槐花擇出一小把來，順著小莖捋下一粒粒的小花兒，拿青花瓷盆盛起，像一盆碎玉。

洗淨之後，在上頭撒一層薄薄的白麵粉，拌勻。將裹好麵粉的槐花攤在蒸籠裡小火慢蒸，撲鼻的清香給人帶來清甜的誘惑。

中醫裡講究藥食同源，《本草綱目》裡出現「槐花，無毒」的同時，一併記載的槐花食用與藥用方法，均需加熱。此處的「槐」，多指國槐。

以槐入藥最常見的做法就是槐花飲品，比如以國槐花釀醋，還有用槐葉蒸熟晒乾研末製成的槐葉茶，以及加入蔥和豆豉調味的「大菜」——水煮槐葉。

據記載，古人還有槐角、嫩葉搗碎之後，取汁液和好麵糰，加入醬做成熟齏的吃法。槐花還可以洗淨蒸熟，在陽光下晒乾然後貯藏，冬季，將乾槐花泡發後加調味料涼拌，便是下酒的好菜，也不失為冬日裡的清淡風雅之事。

疏肝膽

掐指一算，這些才是拯救肝膽的良藥。

春天是疏通肝膽的最佳時節，就像春天一到，要犁地鬆土一樣自然，把板結的土壤疏鬆疏鬆，疏通疏通身體經絡，氣血才不會那麼容易瘀滯，順利到它該去的地方去，這是每個人都需要的，不分體質。

春天裡的野蔬，總是帶著粗野又香甜的大地母親之味。在青草瘋長的春天裡，蒲公英、萵筍、菊苣、薇菜、三七菜，便代表了春天的味道——寧靜，悠遠，散發著微微的清苦。

菊苣，為藥食兩用植物，芽葉可做菜，具有清熱解毒、利尿消腫、健胃消食的功效。

薇菜，又名「大野豌豆」，活色生香地長在《詩經》裡，大名鼎鼎的《小雅・采薇》裡寫道：「采薇采薇，薇亦作止。」它具有清熱解毒、潤肺理氣、補虛舒絡的功效。

三七菜主要食用其嫩莖葉部分，三七菜中含有齊墩果酸、黃酮類物質等，經常食用還可以保護肝臟，增強人體免疫力。

它們不僅是餐桌上的一道佳蔬，更是一味良藥。因營養成分豐富，所以有著「天然保健品，植物營養素」的美譽。這些簡單又有力量的食物，養脾胃肝血，又不會肆意提供肥甘厚味，寵溺出高血壓、高血脂。

蒜香黃瓜花

黃瓜，一個被涼拌耽誤了兩千年的「老戲骨」。

黃瓜原本姓胡，在兩漢或魏晉時來到中原，即使改姓避嫌，也難得漢人待見。

唐人孫思邈的《千金要方》裡直稱黃瓜「有毒，不可多食」，黃瓜是如何洗白、翻身的尚不明了，總之從南宋起，黃瓜聲名鵲起。

黃瓜花，其實就是帶著花的黃瓜嫩仔，黃瓜的幼年版本，用它來炒菜好像有些暴殄天物——這一盤子的黃瓜花，等它們長大了可就是一筐大黃瓜呀。

食材

黃瓜花........................400 克

調味料

蒜..................................2 瓣
鹽..................................2 克
食用油 ....10 克

做法

1 黃瓜花去掉過長的蒂。
2 蒜切片。
3 將黃瓜花放入淡鹽水中浸泡 10 分鐘，再沖洗幾遍後瀝乾水分。
4 鍋中放油，油 5 成熱後放入蒜片爆香。
5 放入可愛的黃瓜花，大火翻炒半分鐘。
6 保留黃瓜花清新的味道，不用加太多的調味料，只要鹽就好。

戴勝降於桑

末候 4月30日～5月4日

差一點點，便以為入夏了。

過了五一長假，北方天氣真的就和暖了，氣溫變得舒適可人。一堆衣服散亂地放著，偶爾抬起頭，矯情寫了一臉。

準備換下厚衣時，忽然怎麼就覺得原有的春裝已老了、舊了，不過隔了一個春天，竟像是許久以前的事，若道「流光容易把人拋」，便不只是人，日子總在碎碎念裡反覆，連同這樣一些舊事、舊物。

這個時節最適合享受生活，喝杯穀雨茶，通全身不暢之氣。

明代許次紓在《茶疏》中談到採茶的時節：「清明太早，立夏太遲，穀雨前後，其時適中。」

穀雨這天採摘的新鮮茶葉做的乾茶，被稱為穀雨茶。雨前茶的「旗槍」、「雀舌」與明前茶的「蓮心」同為春茶佳品。

喝穀雨茶可以清火、辟邪、明目。所以穀雨這天不管是什麼天氣，人們都會去茶山採一些新鮮茶樹葉回來喝。

問個問題：茶為喝，還是為吃？

其實，起先茶葉不是用來沖泡飲品的，是當蔬菜吃的。據唐〈茶賦〉載，茶葉「滋飯蔬之精素，攻肉食之膻膩」，後來才專門為沖泡飲料所用。

陸羽所著《茶經》集前人茶學之大成，他主張茶應清飲，認為在茶中放些蔥、薑、棗之類的作料，不堪飲用。

除了茶道之飲，作為藥用的茶開始入饌，是為藥食同源。當初神農嘗百草，一日遇七十毒，得茶而解。唐代《本草拾遺》稱茶為「萬病之藥」，可謂推崇備至。

現在讓我們整理一下，看看茶膳分為幾類：新鮮芽葉入饌；乾茶煎、炒、炸或磨為茶粉；泡開乾茶茶湯為料；茶葉加熱熏製料理。

如果從烹調效果來看，寒涼的海鮮應用同是涼性的綠茶烹調，比如龍井蝦仁；溫性的雞、鴨肉與溫性的烏龍茶配合，比如川菜樟茶鴨；牛肉是熱性的，它的好搭檔自然是同屬熱性的紅茶，比如紅茶牛肉。

小補氣血

春季是一年初始，是身體陽氣生發的時節。從立春到清明，不適合進補，因春天陽氣升發，易擾動肝膽、胃腸蓄積內熱，所以此時應該是祛寒濕、排毒和清除體內火氣。

而到了春末的穀雨時節，人體內的陽氣、肝血是一年中最旺的，是調氣血的最佳時節。前幾個月脾胃不是很好的朋友，現在會有好轉，胃口也逐漸打開，可以小補一下，借天地的陽氣生發提升脾胃功能，把氣血補養充足，隨著節氣，陽氣才能正常地夏長、秋收、冬藏，節氣養生就是這樣環環相扣。

氣血不足，雖不是大病，卻是萬病之源，此時吃補品往往有虛不受補的情況，最好的補品反而是食物。

每天早上，飲 1 小杯溫水，取熟花生仁 5 粒，紅棗 3 顆，核桃仁 1 個，嚼服，然後安靜地坐上 3 分鐘即可。食物雖少，補養氣血的效果卻非常明顯，操作又很簡單，可謂 CP 值奇高。

綠茶該嘗鮮，白茶則應老。白茶有著「一年茶，三年藥，七年寶」的說法，煮上一壺老白茶，清肝解毒，非常適合穀雨時節的陰雨天在家慢飲。

補血三色盅

說說家常餐桌上喜聞樂道的補血妙方吧。一日三餐中，有很多補血食材，像紅棗、桂圓、花生、紅豆、紅糖、烏雞、枸杞、蓮藕、黑芝麻等，都是人們常吃的補血、補腎的食品，將它們互相搭配，就成了很好的補血食療方。

如若有條件，吃點燕窩、雪蛤，也有非常好的滋陰補血效果。鴨肉、雪蛤、糯米煮粥，有養血益脾、補中益氣的功效，特別是對手術後失血過多、體虛的人是大有裨益的。

食材

紅棗……8 個
乾銀耳……10 克
烏梅……4 個

調味料

冰糖……適量
清水……適量

做法

1. 紅棗、烏梅洗淨。
2. 銀耳泡開，去根，洗淨。
3. 將銀耳放入燉盅裡。
4. 再將紅棗、烏梅、冰糖放入盅裡，加入適量清水。
5. 放入鍋中蒸 40 分鐘即可。

【夏長】

大暑

小暑

夏至

芒種

小滿

立夏

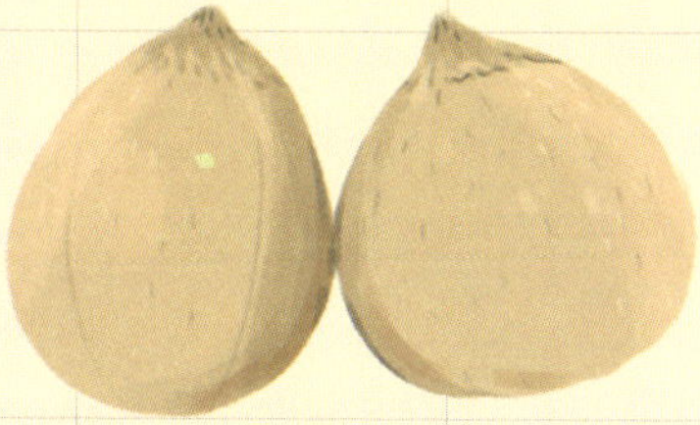

立夏

立夏，四月節。立字解見春。夏，假也，物至此時皆假大也。

——《月令七十二候集解》

螻蟈鳴

初候　5月5～10日

立夏的食俗，是二十四節氣中最豐富的。

如立夏嘗三鮮，吃立夏飯、立夏粿、立夏蛋，喝「立夏茶」，吃光餅，吃腳骨筍，等等。就拿立夏粥來說：民間就有「一碗立夏粥，終身不發愁；入肚安五臟，百年病全丟」的說法。

立夏吃豌豆飯是江南的一個傳統，據說與當年諸葛亮七擒孟獲的故事有關——中國的飲食習俗的背後，往往會有一個曲折曼妙的故事在等著你，或是一部百年風雲激蕩史被不慌不忙地被揭開。

立夏飯，以前是用五種顏色的豆類和白米一起煮成，也叫五色飯，後來改成了用嫩綠的豌豆，再慢慢演變成了豌豆鹹肉糯米飯。

這個季節豌豆大量上市，此時的豌豆，碧綠的豆莢惹人喜愛，清甜鮮美的滋味便漾在唇齒間，吃起來總是不會讓你失望的。

在做豌豆飯的時候，也不要單一只用豌豆，可加入一些其他食材，比如春筍、鹹肉、香菇、青菜等，你也可以根據自己的喜好來做，一切豐儉由人，只是讓味道更美味、營養更豐富。

豌豆糯米飯的做法有兩種，可隨自己的喜好選擇。一種是先炒後煮：把糯米洗淨，將豌豆及配料過油炒一下，然後倒入洗淨的糯米，調味後，倒入電子鍋或高壓鍋中，加水沒過所有的材料，燒熟。

另一種是炒熟法：糯米在洗淨後加冷水浸泡 5 小時以上，瀝乾，然後將豌豆及配料下入油鍋中炒一下，再倒入糯米一起炒至熟，最後調味。

脾之穀

蠶豆、豌豆、青豆、荷蘭豆，什麼豆？這麼逗。

不知道你發現沒，吃立夏蛋、吃新豆、吃新麥麵，吃的都是養脾胃、補氣虛的食物。初夏，麥、豆、果、菜大出，老祖宗說：「出於天賦自然沖和之味」，才能補人。

豐子愷的漫畫《母愛》中有「櫻桃豌豆分兒女，草草春風又一年」，江南初夏的味道就透出來了。

◆ 豌豆

《本草綱目》記：「豌豆屬土，故其所主病多系脾胃。」豌豆和荷蘭豆都是豆科豌豆屬植物，不同的是荷蘭豆以食用嫩莢為主，豌豆則以食用豆粒為主，如果你仔細觀察，會發現荷蘭豆裡面也有小小的豆豆，要比豌豆的豆粒小得多。

「莫道鶯花拋白髮，且將蠶豆伴青梅。」之所以把蠶豆與青梅這兩種風馬牛不相及的食物相提並論，是因為它們是春末夏初的時令吃食。

◆ 蠶豆

在汪穎的《食物本草》中記載：「快胃，和臟腑。」蠶豆祛濕、和脾胃、利臟腑的功效很強。

夏天最大的特點是濕邪重，加上夏日脾胃功能低下，腸胃不好的大人和小朋友，可以用蠶豆做羹來吃。

清代薛寶辰在《素食說略》中說，他幾乎隔天就用蠶豆湯澆飯、澆麵或就餅，十分可口，比肉菜好吃得多。

◆ 青豆

是一種皮為青綠色的青仁大豆，各地的叫法不同，有補肝養胃的功效。

其實初夏產的豆類均屬於「脾之穀」，在爭分奪秒吃新鮮綠豆子的季節，千萬不要猶豫，再不吃，就黃啦。

分心木煮蛋

還記得社交媒體上曾盛傳的一篇關於分心木的養生帖嗎？文中介紹，它可以補腎、活血，對改善腰膝痠軟有奇效，還可以調和脾胃，改善失眠，只要用開水泡茶飲用即可。

分心木是什麼？分心木，就是吃核桃的時候，在兩瓣核桃仁之間那一片薄薄的，狀如蝴蝶的木質東西。中醫師給出了明確解答，分心木是一味中藥，雖然具備一定的藥效，但並沒有網傳的那麼誇張。

不過，很多地方都有用核桃殼、茶葉煮立夏蛋的習俗。古俗：吃立夏蛋，可防「疰夏」。

食材

雞蛋……6 個
核桃殼……6～8 個
分心木……6～8 個
桑葉茶……10 克
八角……1 個
陳皮……1 塊
桂皮……2 克
薑……3 片

調味料

鹽……5 克
醬油……20 克
清水……適量

做法

1 將除雞蛋之外的食材一起放入砂鍋，加清水泡 15 分鐘。
2 大火煮滾後轉小火，煮約 20 分鐘，至湯汁濃郁。
3 此時放入洗乾淨的雞蛋，加鹽、醬油再煮約 10 分鐘，至雞蛋熟透。
4 用湯匙輕輕將雞蛋敲破一點裂縫，再煮 5 分鐘，關火。先別急著吃，泡半天更好入味。

蚯蚓出

次候 5月11～15日

4月盡了，5月攜著一股熱流到來，若不是早晚有點涼意，似乎已進入了盛夏，不過三、兩天光景，春天真的不告而別了，春盡了。

5月第二個週日是母親節，兒子從懂事起，每到母親節都要親自選盆鮮花送我。他說盆花養得長久，還不貴，今天照例。看著花很開心，便想起了我的母親。母親在世的時候，還不興過母親節，不曾收到過鮮花和祝福，連生日，在我的記憶中也沒過幾回。

《詩經》裡說：「焉得諼草？言樹之背。」諼草，又叫萱草，是中國古時的母親花，亭亭之姿不輸康乃馨。萱草還有一個銷魂的名字叫忘憂草，有解憂鬱的藥效，古人遠行之前，會在母親所居住的北堂前種下萱草。「萱草生堂階，遊子行天涯」，希望母親不為思念所苦。

平時吃的黃花菜（金針菜），就是黃花萱草的花。黃花菜其實屬於百合科，李時珍在《本草綱目》中有很詳細的論述：「其苗花甘涼，作菹，利胸膈，安五臟，令人好歡樂無憂。」

《養生論》載：「合歡蠲忿，萱草忘憂。」母親節時，不妨為媽媽泡一杯雙花忘憂茶——用乾黃花菜10克、乾合歡花10克、冰糖3顆放入杯中，加沸水沖泡，燜製20分鐘後，趁熱飲用。哮喘病人忌用。

黃花菜要吃曬乾的，新鮮的黃花菜中含有秋水仙鹼，被腸胃吸收之後，在人體內氧化為二秋水仙鹼，具有較大的毒性，因此一般不建議食用。

| 升清降濁 |

一不小心，補錯了，愛都成了傷害。

入夏之後，氣溫上升，「熱」以「涼」克之，「燥」以「清」驅之。因此，升清是此時的重要戲碼。

升清，指上升的清陽之氣；降濁，指下降的濁陰之氣。脾主升清，胃主降濁。當脾胃陽氣不足時，會聚濕生痰，阻滯中焦，形成清陽不升、濁陰不降的狀況。

不論老人還是孩童，只要有不良的生活習慣，體內濁氣就易出現，今天我們不補，而是深度清理身體內的垃圾，只有這些有形的濁物排出去，身體的清氣才能上升。

升清降濁一杯茶，茶葉裡的香能散發，是向上向表疏散邪氣的，且升清氣；苦能下，是向下降濁火的。

推薦一杯沙棘茶，《中藥大字典》記載，沙棘具有活血散瘀、化痰寬胸、補脾健胃、生津止渴、清熱止瀉之效。

節氣食帖

沙棘茶

材料 5克（1小包）沙棘茶、200毫升溫開水或150毫升冷開水。

用量 將沙棘茶溶入溫或冷開水中，攪拌溶解後即可飲用，濃淡隨意。

可以天天喝，但應在上午喝。晚上是腎臟主時，不宜多喝茶，以免增加腎臟的負擔。

古人的智慧高深，茶既能「上」也能「下」，是天然的平衡劑，比藥溫和太多，不太會給身體帶來偏向性損耗。

如果身體很寒的人想喝茶怎麼辦？可以喝薑茶。古人還有喝椒茶的習慣，把薑和花椒放在茶裡一起煮，這都是溫熱的東西。

抱子甘藍沙拉北極甜蝦

苦味食物的辯護時間：誰說我們都難吃？

抱子甘藍正是上市的時候，它味甘，性涼，有補腎壯骨、健胃通絡之功效和許多十字花科蔬菜一樣，它富含一種叫作硫苷的物質，研究發現，這種物質有抗癌作用。

抱子甘藍吃起來稍苦，如不喜歡這種苦味，可以蒜汁爆香，烹飪時間不宜過長。或配其他蔬菜淋上橄欖油，做一份沙拉，既不會減低抗癌物質的活性，又能吃得清新不油膩。

食材

抱子甘藍……15 個
北極甜蝦……10 個
小金橘……3 個
香椿苗……1 把

調味料

橄欖油……5 克
紅葡萄酒醋……20 克
檸檬汁……適量
海鹽……2 克
糖……3 克
黑胡椒粒……適量

做法

1 將抱子甘藍洗淨，去掉根部和硬皮，切開；小金橘洗淨，切開；香椿苗去根，洗淨。
2 抱子甘藍放入鍋中，汆燙 1 分鐘左右撈出。
3 北極甜蝦去皮。
4 橄欖油、紅葡萄酒醋、海鹽、糖、檸檬汁放入碗中，調成醬汁。
5 將所有食材放入碗中，倒入醬汁。
6 最後加入黑胡椒粒，拌勻即可。

廚房小語　沒有紅葡萄酒醋，可用蘋果醋代替。

王瓜生

末候 5月16～20日

夏天，你喜歡喝點兒什麼小酒？

如果有什麼能代表初夏的味道，那一定是青梅。與許多香甜的水果不同，酸是青梅最顯著的特徵。青梅酒大概是大部分青梅的歸宿。

如同日本療癒系導演是枝裕和的電影裡那樣，幼梅附枝，再浸著水霧濕氣慢慢成熟，果農們將滿山的青梅都採下，有的出售，而大部分則用來做青梅酒。青梅已經成為日本飲食生活中必不可少的元素，如平時飲用的梅酒、飯糰上的梅乾，等等。

殷商時的《尚書．商書．說命》記載：「若作和羹，爾惟鹽梅。」意為做羹湯時離不開鹽和梅。原來那時的梅子，一如今日烹調時的醋，是酸味的來源。而後又逐漸有了「謾摘青梅嘗煮酒，旋煎白雪試新茶」的風雅適意。

做梅酒的青梅要選取新鮮個大的，表面洗得乾乾淨淨，用牙籤戳出幾個小孔，以便其滋味能充分浸入酒中。

再來放入廣口玻璃瓶中，接著以一層冰糖一層梅子的順序，將冰糖和梅子鋪好。將白酒倒入，這步一定要慢，以免破壞青梅和冰糖分層。

最後密封起來，眼見著梅子一點點地變黃，酒液變得金黃，清亮透明，心裡就更多了些期待和歡喜。

等上三個月，或者時間更長一些，青梅酒就可以喝了。

初夏除了青梅，還有桑葚，桑葚常見的食用方式是將其放入優酪乳、冰淇淋中，或者做成桑葚膏，將桑葚榨汁也是夏天不錯的選擇。

唐代孟詵《食療本草》曾有過「桑葚酒」的描述。《四時月令》也提到，「四月適宜飲桑葚酒，能解百種風熱。凡有桑葚之處，皆可做桑葚酒。」

蘇州人做桑葚酒的方法也極其簡單：洗淨 3 斤桑葚，倒入 18 斤燒酒，再有些許冰糖，封蓋，放上 40 天左右即可。

暑易入心

夏為暑熱，在五行屬火，五臟屬火者為心，中醫認為苦味入心，夏季多吃一些苦味的食物是可以養心的。

李時珍在《本草綱目》中指出，苦瓜苦、寒、無毒，具有除邪熱、解勞乏、清心明目、益氣壯陽（子）的功效。苦瓜因其味苦而清香可口，被人們視為難得的食療佳蔬。

認識一位老中醫，她說立夏的氣溫逐漸升高，人的脾胃功能受到炎熱刺激後下降，此時飲食中少不了的是四種瓜，就是西瓜、黃瓜、絲瓜、苦瓜。

她告訴我一道菜：鍋塌三瓜。

它是用黃瓜、絲瓜、苦瓜、雞蛋、蝦仁做成的，選料新鮮自然，做法並不複雜：將黃瓜、絲瓜、苦瓜切絲，和蝦仁一起加入蛋液中，上鍋攤成蛋餅，配以麻醬調成的涼拌醬汁，口感清淡，少油膩，老少咸宜。

我說，苦瓜口感不好，最不愛吃了。她說，去掉了苦味，那就沒什麼意義了，你應該知道良藥苦口利於病吧，夏季一定要多吃微苦的食物。

「吃得苦中苦，方為人上人」，雖然不是同一種苦，但意蘊是相通的。

立夏後，暑易傷氣，暑易入心，可以常喝下面這道清心湯，讓身體水火相濟、心腎相交。

節氣食帖

鮮蓮子百合煲豬心湯

食材 豬心150克、百合25克、去芯鮮蓮子20克、太子參15克。

做法 將豬心切片，加適量的水煮30分鐘；後加入百合、太子參、去芯鮮蓮子，再煮15分鐘，喝湯並食蓮子肉和豬心。

百合味甘微苦，性平，入心、肺經，有潤肺止咳，養陰清熱，清心安神等功效；太子參又名孩兒參，有補氣益血、生津、補脾胃的作用，補力平和，可以提高免疫功能，改善心功能；蓮子主補脾胃，養神益氣力。

中醫認為，豬心性平，味甘，入心經，有安神定驚，養心補血之功；與百合和蓮子、太子參搭配協調，有清心安神、益氣調中的作用，適合疲憊或身體虛弱者飲用。

荷香蓮藕粉蒸肉

吃了一春天的鮮蔬，難免想著沾些油腥振振精神。

江西一帶素有在苦夏初始之日吃米粉肉的習俗，謂之「撐夏」。

「食後不分老幼，衡其輕重，藉以覘肥瘦之消長焉」。吃了它便能飽足油潤地撐過一個炎炎夏季。

食材

豬五花肉……………………300 克
蓮藕……………………………200 克
白米……………………………150 克

裝飾

荷葉……………………………1 張

調味料

八角……………………………2 個
花椒……………………………5 粒
糖………………………………5 克
鹽………………………………2 克
辣豆瓣醬………………………10 克
醬油……………………………10 克
濃醬油…………………………5 克
腐乳汁…………………………15 克
黃酒……………………………15 毫升
清水……………………………90 毫升

做法

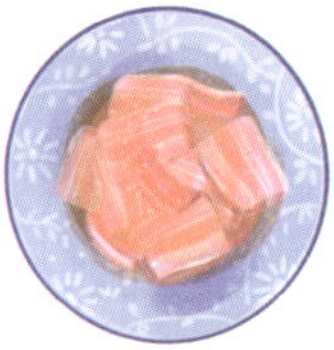

❶ 五花肉切厚片，加入除花椒、八角以外的調味料醃製 30 分鐘以上備用。

❷ 白米放入乾淨炒鍋，加入花椒、八角用小火翻炒直至米粒變黃微焦，關火放涼。

❸ 將炒好的白米放入食物調理機中打碎，即成米粉，切記不宜過碎。

❹ 荷葉用沸水泡軟。

❺ 蓮藕去皮洗淨後切厚片。

❻ 醃製好的肉和蓮藕，加入米粉、清水拌勻後，排放在荷葉上。

❼ 把荷葉包好後放到蒸籠中。放入蒸鍋，大火蒸製 1 小時左右出鍋。

廚房小語

1. 米粉攪打（或用擀麵棍擀碎）時留意不宜過碎，部分呈顆粒狀口感更佳。
2. 米粉的吸水力很強，所以混合時要加足量的水。

小滿

小滿，四月中，小滿者，物至於此小得盈滿。

——《月令七十二候集解》

苦菜秀

初候 5月21～25日

有一句話說得好：永遠不要低估人民的智慧。

小滿，處處透著古人智慧的時節。小滿，是夏季的第二個節氣，此時地下升起的陽氣充盈地面，是全年最「接地氣」的十五天。小滿的含義是指夏熟作物的籽粒開始灌漿，變得飽滿起來，但還未成熟，只是小滿，還未大滿。

小滿，意即小小地滿足一下就好，不至於全滿，這之後，也再沒有節氣叫「大滿」。此時僅為「小得盈滿」，離最後豐收的全然飽滿尚有一段距離。

因此，收穫雖然存在，但更應該繼續「生生不息」，視滿如不滿。唯其如此，方能獲得最終的盈滿與成熟。

記得小時候，母親讓我用水桶去打水，我貪多，把桶裝得滿滿的，因為水太滿，一路潑潑灑灑，到家時桶裡剩下半桶水。

在廚房裡，母親說：「太貪心了，水不要裝太滿哦，謙受益，滿招損，滿水不供家，懂嗎？」母親的話，我一直記著，滿水不供家，水滿則溢，月盈則虧，過滿，則容易招致損失，先人懂小滿，今人亦應明白。

到了小滿時節，在菜市場上就能看到一種極其鮮嫩的苦味蔬菜——蒲公英，既是中藥，也是一種野菜，被稱為中藥材中八大金剛之一，雖然在春日已鮮嫩可採，但是到了此時格外茂盛，夏日食苦味蔬菜，是取其清熱解毒、安心益氣的功效。

| 心火漸旺 |

小滿時，萬物小得盈滿，夏木新蔭，麥香初成，正是「晴日暖風生麥氣，綠陰幽草勝花時」。

進入小滿之後，天氣變得以熱為主，而中醫認為心氣與夏氣相通，心在人的五臟裡是主火的。

小滿時節，心火易旺，心火分虛實兩種，實火是火邪太盛，陰液不能制火而上竄，表現為反覆口腔潰瘍、口乾、小便短赤、心煩易怒等；虛火則並非真的上火，而是陰津相對不足，表現為低熱、盜汗、心煩、口乾等。對實熱的人，要把多餘的火給清出去；對虛熱的人，是把水給補回來。

夏應心，心為火，苦入心。這個時候就可以多吃一些苦瓜。

苦瓜到底是祛身體哪裡的火呢？清代王孟英的《隨息居飲食譜》說苦瓜「青則苦寒。滌熱，明目，清心」。苦瓜是瀉心肝之火的，因為它「明目、清心」，當心、肝有火時，就可以多吃一些苦瓜。

至於小滿喝什麼茶合適，後頁介紹兩個茶方。

節氣食帖

蓮心竹葉茶

喝一杯蓮心竹葉茶，清一下心火。

心火旺的人往往思慮過多，而竹葉和蓮子心可以把人的心火瀉出去，起到清心的作用。

食材 蓮子心 3 克，竹葉 3 克。

泡法 拿沸水沖泡，泡 20 分鐘左右，味道有絲絲的苦，卻帶著竹葉的清香。

三通花茶

喝一杯三通花茶，清心安神、活血化瘀。

食材 菊花 3 克，玫瑰花 3 克，三七花 3 克。

泡法 用沸水沖泡，泡 15 分鐘左右即可飲用。

茶杯中有著春天的痕跡，更透著對初夏的邀約。一盞盞茶湯中，是夏日且行且珍惜的問候。

川貝蒸枇杷

小滿枇杷半坡黃。

張愛玲《小艾》中有一個情節：五太太讓三太太吃枇杷，老姨太早已剝了一顆，把那枇杷皮剝成一朵倒垂蓮模樣，蒂子朝下，十指尖尖擎著送了過來。如此優雅地吃到一枚枇杷，真是賞心悅目。

枇杷口感酸甜，果肉細膩，汁水充盈。宋代的李綱曾讚嘆其滋味：「芳津流齒頰，核細肌豐溫。」

枇杷好吃，皮難剝。常用的辦法有「牙籤大法」、「湯匙大法」和「滾滾大法」。

根據《本草綱目》的記述，枇杷花、葉、果仁均可入藥，有「止渴下氣」，治療「肺熱咳嗽」的功效。大家咳嗽時會喝的「川貝枇杷膏」，味道甜甜涼涼，原料之一正是枇杷葉。

心情好的時候來兩顆枇杷，美滋滋甜到心裡；心情不好的時候也來兩顆，瞬間就被清甜療癒。

食材

枇杷……3 顆

調味料

冰糖……10 克
川貝……3 克
開水……適量

做法

1 枇杷洗淨，去核去皮。
2 將枇杷放入燉盅，再放入冰糖、川貝。
3 加少量開水，蓋上燉盅的蓋子，鍋中水開後放入燉盅隔水燉 40 分鐘即可。

廚房小語

1. 如果只作爲糖水喝就不用放川貝。
2. 冰糖的量可根據喜好調整。

靡草死

次候 5月26～31日

看不懂的五月寒。

五月某天，氣溫驟然跳水，接連幾天，一陣又一陣的東北風吹散了夏日的氣息，不是入夏了嗎？都穿了兩件春裝，還是感覺到了陣陣涼意。

五月寒又名小滿寒，夏天的五月寒，猶如春天的倒春寒一般。

忽然想喝碗擂茶，拿出擱置已久的擂缽。擂者，研磨也。怎麼研磨呢？將所有食材放入擂缽內，用擂持不斷舂鑿。

曾經在湘西鳳凰古城，也是這個季節，這個天氣，喝過一次土家人自製的擂茶。

相傳漢武帝時期，將軍馬援率兵南下征戰，途經湘西時正值盛夏，無數士兵患上瘟疫，民間一老翁以家傳祕方做的擂茶獻之，將士們病情迅速好轉，之後，土家擂茶流傳至民間。

土家擂茶，承湘西民間古祕方，用生茶葉（指從茶樹上採下的新鮮生葉）、生薑和生薏仁等原料經混合研碎，加水後烹煮而成，故而得名。土家人認為擂茶既是充飢解渴的食物，又是袪邪驅寒的良藥。

南方濕熱，草藥遍地，茶便是其中重要的一味。茶，古稱賈，《本草經集注》中記，茶能提神袪邪，有清火明目、生津止渴等多種功效；薑能理脾解表，祛濕發汗；米仁能健脾潤肺、和胃止火。

冬天喝現磨的熱擂茶，香醇暖身，夏天喝冷過的擂茶，口感就更加涼爽了。天氣熱時，喝上一碗用井水沖的擂茶，那種清涼的感覺會從口中一直沁到心底，渾身都有一種說不出來的舒服。

｜北方祛火｜

《黃帝內經．素問》中寫道：「東南方，陽也，陽者其精降於下，故右熱而左溫；西北方，陰也，陰者，其精奉於上，故左寒而右涼。是以地有高下，氣有溫涼，高者氣寒，下者氣熱。」每個地方的自然環境不同，人的生活習俗及體質也不相同，養生的方法自然也不同。

萬物稍得盈滿但未及全滿的小滿時節，天地中陽氣已經充實。正常人此時身體內的氣血陽氣將滿未滿。一過夏至，陽氣獨大，就會是另外一種格局了。

小滿後氣溫上升，突出一個「熱」字，北方氣候相對乾燥，陽光充足，熱既是火，也是給萬物的能量。麥穗在此時泛了黃，日光在此時逐漸熾熱悠長，「感火之氣而苦味成」，心火燥熱，謹慎溫補。

如果不是體寒過盛，此時不宜長期喝薑棗茶。宜吃酸養肝陰，比如檸檬、醋、酸梅湯；宜多吃白米，麵食為輔；忌辛辣、白酒，以免氣壯與肅殺之氣相沖。

節氣食帖

燈芯草清心茶方

藥方請帶走。

食材 淡竹葉3克、燈芯草3克。

做法 可用淡竹葉、燈芯草泡水，代茶飲一、兩天，以瀉心火。

此方在《清代皇家脈案》中，清宮御醫為帝后的用藥中常見。蓮子心泡水喝也有效果，但蓮子心太苦了，沒燈芯草清心茶好喝，它喝起來微甜，味像綠茶。

此外，多喝一些大麥粥，也可以起到清除內熱的效果。李時珍在《本草綱目》中說它「味甘、性平，有去食療脹、消積進食、平胃止渴、消暑除熱、益氣調中、寬胸大氣、補虛劣、壯血脈、益顏色、實五臟、化穀食之功」。

大麥味甘、性涼，既可清除大汗淋漓等外熱，也可以消除口乾、胃脘不適等內熱。

節氣食帖

大麥粥

大麥粥做法很簡單。

材料　白米適量，2 勺大麥粉，清水適量。

做法　先取 1 碗清水然後加入大麥粉攪拌均勻成糊狀。再在鍋內放入適量白米，加適量清水煮到米開花後，再把剛才調好的大麥粉糊緩緩注入，煮熟。

如果吃的時候再配上一小碟清爽的鹹菜，味道何止一個「香」字了得！

水煮洋薊

洋薊又名朝鮮薊，其實洋薊是一朵沒開放的花，是一種非常古老的蔬菜，據說和向日葵是親戚。

洋薊素有「蔬菜之皇」的美譽，營養價值很高。雖然洋薊看著蠻大一朵，然而可食用部分只有葉片底部軟嫩的部分和中心的洋薊芯，煮熟蘸著不同的蘸料吃，口感接近嫩筍，有一股很特別的清香。

食材

洋薊……2 個
檸檬……2 個
白葡萄酒醋……20 克
橄欖油……3 克
鹽……適量

做法

1 將洋薊洗淨瀝乾，撕掉底部最外側老硬的葉子，切去長的莖部。
2 用剪刀將葉片上尖刺的部分剪去，用刨刀刨去莖部的外皮，切去頭部 1 ～ 2 公分。
3 2 個檸檬切成片狀，並預留 1 小片用於步驟 5 擠汁。
4 將切片檸檬和處理好的洋薊一起放在深鍋裡，洋薊切口朝下。加水，沒過洋薊一半，水裡加點鹽，加蓋中火煮 30 ～ 40 分鐘。
5 白葡萄酒醋、橄欖油放入調味料碗中，擠上幾滴檸檬汁，即調成醬汁。
6 洋薊煮好的標準就是每朵花瓣都可以輕鬆脫落。將洋薊的葉片撕下來，裡面的葉子可以整片吃。底部蘸一點醬汁，找準內側柔軟部分即可開吃。
7 用小湯匙把這些絮狀物徹底挖除乾淨後，會留下一個像蛋塔一樣的芯。
8 吃到這裡，恭喜你終於到達了洋薊精華部分。請懷著虔誠的心，將這一小塊柔嫩的「花芯」，三、兩口吃下去吧。

廚房小語

1. 切過的洋薊容易氧化，如果不能立刻烹飪，可用檸檬擦一下切面。
2. 洋薊中心的毛毛一定要徹底挖乾淨，不小心吃到喉嚨會非常難受。

麥秋至

末候 6月1～5日

沒有什麼是剪刀、石頭、布決定不了的。

快到六一兒童節了，六一節是屬於孩子的狂歡日，是一年中最充滿童趣的日子。小的時候，每到六一節，母親就會做一種小零食給我們吃，在今天看來，這不是什麼值得一提的事。

沒有零食吃的孩子，是很可憐的。可是，過去的歲月裡，就有很多沒有零食吃的孩子。

在沒有零食的年代，母親會想方設法地做一些小食，像紅棗芸豆、話梅芸豆、紅茶芸豆，給我和弟弟妹妹們解饞。對我們來說，能吃上紅茶芸豆，這一天已是足夠奢侈。

現在我還保留著母親做紅茶芸豆的方法，只是食材更豐富，用紅茶配入冰糖，加入蜂蜜，經過簡單組合搭配，多味調和，口感一下子熱鬧起來了，濃郁的紅茶味，綿密涼心，可佐酒淺酌，更多的時候是作為零食來吃。

白芸豆配上茶葉，茶葉清濕熱，升清降濁。白芸豆更是藥食兩用的食物，古代醫籍記載，它味甘平，具有溫中下氣、利腸胃的功效，還可以阻斷澱粉分解，減少葡萄糖吸收，從而降低餐後血糖，減少胰島素分泌，還能降低脂肪合成，有減肥的作用。

冷藏後的冰紅茶芸豆，雖然不是那麼的冰，但這點涼意已足夠。而紅茶的微澀被傳於唇齒間，在舌尖上還有冰糖與蜂蜜的甜味，回味悠長，似纏綿不捨的小情人。

┃南方除濕┃

小滿到來後，雨水漸漸增多。民間素有「大落大滿，小落小滿」的諺語。「落」就是下雨的意思。

雖然說高溫多雨始終貫穿於夏季，但真正的「濕」是從小滿開始的。特別是南方，小滿一過，濕邪過盛，在夏天除了要防暑，此時一定要注意祛濕。

為什麼人一到夏天總感覺不想吃東西？其實就是因為脾為濕邪所困。

夏天還有一個顯著的特點，就是脾胃容易寒涼。夏季陽氣發散，人體的陽氣都浮在表面，形成內空，很容易拉肚子，故有「冬吃蘿蔔，夏吃薑」之說。

嫩薑，夏天的通陽好物。中國人食用薑的歷史相當悠久，比如宋朝就有喝乾薑茶湯的習俗。《水滸傳》第二十三回中，西門慶來求王婆，他一大早過來就專點了薑茶來喝。為什麼是薑茶？薑有生熱作用，故而金聖歎說薑茶是「所以破曉寒也」。

生薑是辛味食物代表，在不起眼的外表下，卻有一顆很「熱辣」的心。夏天早晨正是氣血流注陽明胃經之時，此時吃薑，正好生發胃氣，促進消化。

每年這個時候，我會做一罐罐泡嫩薑。每一個夏日早晨，煮一碗簡單清爽的白米粥，就著幾片嫩薑吃完，身心都得到了舒展。

生薑性溫，屬熱性食物，但不用擔心泡薑吃多了會上火。醃製薑片的鹽是重陰之品，用鹽醃過的薑片之後，會比鮮薑稍微寒涼一些，褪去了熱性。

泡薑發酵之後的酸，有收斂的作用，讓辛辣的薑片變得更平和一些，這樣既保留了生薑溫中健胃的功效，又減弱了發汗解表的作用，使氣在中焦。所以到了夏天，我每天早上必會吃幾片泡薑，既不擔心上火，又能養肺健脾。

節氣食帖

泡薑

食材 鮮嫩薑 500 克，新鮮大蒜 150 克，鮮青花椒 50 克，小紅辣椒 150 克，胡蘿蔔 1 個。

調味料 冰糖 7 克，醃漬鹽 260 克，白酒 15 毫升，清水 850 毫升。

做法 首先將罈子洗淨晾乾，確保無油，再把嫩薑清洗乾淨，切片。將清水煮滾，放涼（再次強調不要抹油）。胡蘿蔔洗淨切塊，蒜去皮，小紅椒洗淨，所有食材晾乾和調味料放入罈中，密封 10 天以上，也可多泡幾天，會使發酵更充分，酸味更明顯。

肉骨茶

肉骨茶是馬來西亞的美食之一。說它是「肉骨茶」，其實，此「茶」非彼「茶」，而是一道以豬肉和豬骨配合中藥煲成的排骨藥材湯。

相傳華人初到南洋創業時，生活條件很差，由於不適應濕熱的氣候，不少人患上了風濕病。為了祛寒除濕，人們用了各種藥材，包括當歸、枸杞、黨參、桂皮、牛七、熟地、西洋參、甘草、川芎、八角、茴香、桂香、丁香、大蒜及胡椒等來煮藥，熬煮多個小時成濃湯，但因忌諱說「藥」而將其稱為「茶」。

食材

排骨......500 克

調味料

鹽......5 克
桂皮......1 根
丁香......3 粒
白胡椒粒......5 克
八角......1 粒
甘草......3 克
陳皮......2 片
桂圓乾......5 個
枸杞......10 克
紅棗......4 個
大蒜......10 瓣
濃醬油......10 毫升
清水......適量

做法

1 排骨切段洗淨。
2 桂皮、丁香、白胡椒粒、八角、甘草、陳皮放入滷包袋中。
3 紅棗、枸杞、桂圓泡軟。
4 排骨冷水下鍋，汆燙 3 分鐘，撈出用清水反覆沖淨血沫，瀝乾水分。
5 砂鍋中加水煮滾後，放入肉骨茶滷包袋燜煮 30 分鐘後，放入排骨、大蒜、紅棗、枸杞、桂圓。
6 再次沸騰後轉中小火（保持微沸狀態）煮約 90 分鐘，起鍋前以醬油與鹽調味。

廚房小語

1. 煲肉骨茶的過程千萬別顛倒了順序，正確順序如下：水煮滾→放入肉骨茶包燜煮→加入排骨小火煲→起鍋時再加調味料調味。
2. 煲製肉骨茶時，排骨要特別挑過，一定要選用包著厚厚瘦肉的上好鮮豬排骨，煲出來的肉骨茶才能鮮嫩而沒有油膩感。

芒種

芒種，五月節。謂有芒之種穀可稼種矣。

——《月令七十二候集解》

螳螂生

初候 6月6～10日

芒種，最早出於《周禮》：「澤草所生，種之芒種。」東漢鄭玄的解釋是：「澤草之所生，其地可種芒種，芒種，稻麥也。」一收一種，道出了芒種的節氣內涵。

說到芒種，想起了《紅樓夢》，曹雪芹用「滿紙荒唐言」，把人生的波折起伏、無法料想都演繹到了極致。

曹雪芹在《紅樓夢》中「發明」了一種民俗「芒種節」。

《紅樓夢》第二十七回〈滴翠亭楊妃戲彩蝶，埋香塚飛燕泣殘紅〉，寫道：「至次日乃是四月二十六日，原來這日未時交芒種節。尚古風俗：凡交芒種節的，這日都要設擺各色禮物，祭餞花神，言芒種一過，便是夏日了，眾花皆卸，花神退位，須要餞行。閨中更興這個風俗，所以大觀園中之人都早起來了。那些女孩子們，或用花瓣柳枝編成轎馬的，或用綾錦紗羅疊成干旄旌幢的，都用彩線繫了。每一棵樹，每一枝花上，都繫了這些物事。滿園裡繡帶飄颻，花枝招展，更兼這些人打扮得桃羞杏讓，燕妒鶯慚，一時也道不盡。」

而《紅樓夢》這一回有如此熱鬧的開場，可到最後，在「芒種節」這天，作者安排了堪稱整部《紅樓夢》中最精彩的一個情節「黛玉葬花」。

《紅樓夢》裡所創造的「芒種節」祭餞花神風俗，一如庚辰本脂批所言，無論事之有無，看去有理，不必問其有無。

我合上手中的《紅樓夢》，放在桌上，把幾朵千日紅放進茶壺中，嬌豔的淡粉色慢慢洇開，有一點甜蜜，有一點嬌羞，還未容細想，馨香之氣就撲面而來了。

陰動始制陽

芒種十五天，是一年中的陽中之陽，陽氣鼎盛。

《圓運動的古中醫學》一書的作者認為，芒種到夏至陽熱升浮至頂，人體中下大虛。夏至，陰氣已開始在暗處萌生，就要轉陰了。

南方的朋友們，喝芒種湯，通心經，清涼度夏吧。

《黃帝內經》有「脾苦濕，急食苦以燥之」的九字箴言。「苦為火味，故能燥也。」什麼是苦味食物呢？如苦瓜、萵苣、苦菜、苦筍、野蒜、枸杞苗等都屬於苦味食物。

節氣食帖

芒種湯

這一年我做的芒種湯是冬瓜苦瓜脊骨湯。

食材 冬瓜200克、苦瓜150克、豬脊骨200克、蜜棗8克、鹽適量、清水適量。

做法 豬脊骨洗淨，剁成大塊。冬瓜、苦瓜分別洗淨、去瓤，均切成大塊；蜜棗洗淨。鍋中加入適量清水和豬脊骨燒沸，撇除浮沫，放入全部材料再次煮滾，轉慢火煲2小時後，再加入鹽調味，出鍋盛碗即可。

此款湯水具有清熱消暑、通便利水、生津除煩之功效；適宜口渴心煩、汗多尿少、食欲缺乏、胸悶脹滿、面部有痤瘡者飲用。苦瓜越老越養心，煲湯要選老苦瓜。這個湯喝完人會很舒服，有說不出的清爽，但苦瓜性偏涼，吃時應適量。

對北方的朋友來說，其實過夏天也沒有那麼複雜，吃麵一樣能強心補氣。元代醫家朱丹溪的《茹談論》曰：「少食肉食，多食穀菽菜果，自然沖和之味。」

小麥冬種夏收，麵食補心氣第一。如果你搞不清自己的體質，就不要擅自吃保健品什麼的，吃點正經麵食吧，補元氣、壯筋骨肌肉。買麵粉最好買北方產的，南方濕熱之地產的麥麵性黏膩，容易生濕。芒種時節，心氣不足、心血不旺時，在夏天的下午會特別容易疲累，所以中午小憩很必要，中午是心經旺盛的時間，午覺特別養心血。

豆豉炒苦瓜

苦瓜不哭，你才沒他們說的那麼難吃。

苦瓜雖然入口苦，回味卻是甘甜。一些人喜歡用鹽醃製苦瓜片刻，然後擠出苦瓜汁。

其實，苦瓜的精華正在於它的苦味。由於苦瓜性涼，多食易傷脾胃，所以脾胃虛弱的人要少吃。

另外，苦瓜含奎寧，大量食用可能會刺激子宮收縮，導致流產，因此孕婦也要慎食苦瓜。

食材

苦瓜……………………300 克

調味料

豆豉……………………10 克
蒜………………………3 瓣
乾辣椒…………………2 個
鹽………………………2 克
香油……………………適量
雞粉……………………適量
食用油…………………適量

做法

1 將苦瓜洗淨，剖開去籽後切成片。
2 蒜切成蓉，乾辣椒切段。
3 苦瓜放入沸水中汆燙至斷生，撈出瀝乾。
4 鍋中放油燒熱，加入豆豉、蒜蓉、辣椒，用小火炒成豆豉醬。
5 放入苦瓜炒勻。
6 然後加入香油、鹽、雞粉翻炒均勻即可出鍋。

廚房小語

1. 苦瓜汆燙可去掉一部分苦味，但時間不宜過長。
2. 豆豉已具鹹味，鹽可酌量下。

鵙始鳴

次候 6月11～15日

週末，就是父親節了（大部分國家父親節為六月第三個星期日）。

在我們菲薄的流年裡，母親給予的多是溫暖的晨粥夜飯，而父親給予的多是「王侯將相寧有種乎」的鴻鵠之志。

曾經，我與父親聞著老屋外面的合歡樹在黃昏裡散發的奇異香味，聽著父親絮絮前塵舊事，與他舐犢共宴，那段時光是我人生中最美的時刻。

我與家、與老屋有關的最早的記憶，是十幾歲的時候。被父親送到縣城去讀初中，第一次離家的我，常常偷著跑回家去，伙食不好不過是一種藉口。

開學月餘，大家慢慢熟絡，有一天上午，我拿著一個收拾得整整齊齊的包袱對同屋的同學說：「我走了，回家。」

回到家，父親的神情顯得非常嚴厲，連撒嬌也不管用，我又乖乖地被遣送回去了。

如今，多少次夢回故鄉，父親總潛入我的夢裡，附身在耳畔柔聲叮嚀，讓我不管走多遠，飛得多高，黃昏日暮之前記得回家。

祛暑濕

紅豆薏仁，用兩千多年時間認證過的祛濕方法，可你為什麼吃了就是不管用呢？

到了芒種，南方已進入梅雨季節，地域不同，梅雨到來的時間點也有所不同。但不論出梅還是入梅，芒種對梅雨時節來說都是一個重要的時間參照節點。

此時，夏天的意味已經非常濃郁了，「暑多挾濕」，濕邪跟暑邪一勾搭，就易形成「暑濕」，在身體中作祟。

濕邪有外濕和內濕之分。外濕就是指自然環境中的濕氣，比如雨淋、居處潮濕等。內濕的來源也很多，飲食無度，多會導致脾胃不能運化，產生濕氣。

濕濁鬱積日久可化熱，濕氣就會變成痰狀的黏濁物質，濕熱就變成痰濕。身體發胖，長痘痘，大腹便便，無理由腹瀉或便秘，或大便黏黏的沖不乾淨，多是痰濕體質的表現。

這時吃薏仁、紅豆之類單純去濕邪的食物已經沒用了。薏仁祛濕的功效，我們的先人在兩千年前就已經認識到了。

據《後漢書》記載，南方天氣濕熱，用薏仁祛濕的效果就已經得到人們的肯定了。

很多人每當濕氣重引起上火症狀時，就會來一碗清熱祛濕湯，卻不知祛濕湯多是以寒涼之物清熱的思路來祛濕的，也就是說偶爾喝幾次可能有效，但喝久了是會傷脾陽的，長期如此只會讓身體越來越濕。

痰濕的人祛濕的同時一定要健脾，補脾陽。說到健脾，會想到吃山藥，山藥其實對祛濕幫助不大，因為山藥功效更在於調理脾陰虛。健脾的食物，還有土茯苓、五指毛桃、蓮子、芡實、白朮、乾薑。

陳皮可稱為夏季飲食一寶，入脾、肺經，有行氣健脾、調中開胃、理氣燥濕的作用。氣虛體燥或者是有實熱的人，不適宜服用純陳皮水，但可適量增加一些白朮、茯苓等一起泡水，這樣不僅能夠理氣，同時健脾的效果也非常不錯。

祛痰濕小茶方

健脾燥濕，化痰祛脂，不可錯過。

陳皮茯苓茶

食材 茯苓 5 克，陳皮 2 克。

做法 將茯苓和陳皮洗淨，放入保溫杯中，沖入熱水，等 5 分鐘即可飲用。

陳皮扁豆山藥茶

食材 山藥 30 克，炒過的白扁豆 30 克，陳皮 3 克。

做法 三者水煎取汁，可加糖調味。

檸檬拌烏雞

總是用烏雞煲湯喝的朋友，到了該更新一下食譜的時候了，不妨做一個檸檬拌烏雞喲！

檸檬，富含維生素C、檸檬酸。酸味能斂汗、止瀉、祛濕。一些酸味的水果具有祛暑益氣、生津止渴的作用，適度進補一些酸味食物，還能預防流汗過多而耗氣傷陰。

烏雞的營養遠遠高於普通雞，烏雞肉中所含氨基酸和鐵元素均比普通雞肉高很多。人們稱烏雞是「黑了心的寶貝」，吃起來的口感卻非常細嫩。

食材

烏雞……………………半隻
香菜……………………2 根
小米椒…………………5 個
檸檬……………………1 個

調味料

鹽………………………2 克
糖………………………2 克
大蒜……………………5 瓣
大蔥……………………1 段
生薑……………………1 塊
八角……………………1 粒
花椒……………………10 粒
月桂葉…………………2 片
香油……………………適量
清水……………………適量

做法

1. 鍋內放清水，將半塊生薑、大蔥、花椒、八角、月桂葉入鍋中煮滾後，放入烏雞煮熟，再浸泡 10 分鐘後撈出。
2. 香菜切碎，另半塊薑切絲，半個檸檬切絲，蒜、小米椒切末。
3. 將放涼的烏雞肉撕成條狀後放入盆中。
4. 盆中加入蒜末、小米椒末、香菜、薑絲、檸檬絲後，剩下半個檸檬用手擠出汁加入盆中。
5. 最後加入鹽、糖、香油，拌均勻入味即成。

廚房小語　用青檸味道更佳。

反舌無聲

末候 6月16～20日

時值仲夏，那是端午的節氣，在暮風裡聞得見暑日的味道，有一絲薄香，又有些濃酣的朦朧。

中華民族的每一個傳統節日的由來，都有一個美麗的浪漫故事在等著你。端午節也不例外，有源於紀念屈原之說，吳均《續齊諧記．五花絲粽》中：「屈原五月五日投汨羅水，楚人哀之，至此日，以竹筒子貯米投水以祭之。」小小的一枚粽子，蘊含的歷史文化卻很深刻。

於我，端午不知道該怎樣來述說，只能是一句：五月榴花照眼明。

曾記得小時候，外婆在端午之日，會在我的小辮子間插上一朵火紅的石榴花，一路幽芳伴我。

端午摘石榴花，以辟攘邪氣疫氣，源自「天中五瑞」的說法。石榴花為吉祥花，利於避邪，與菖蒲、艾草、蒜頭、龍船花一起被列為「天中五瑞」。據說捉鬼的鍾馗，亦是五月石榴花的神。

因此，端午節到來時，摘幾朵石榴花戴在頭上，可以鎮毒驅邪。《帝京景物略》云：「五月一日至五日，家家妍飾小閨女，簪以榴花。」

端午節吃的不只是粽子。

民間多認為：五月為毒月，有「五毒」之說，即蛇、蜈蚣、蠍子、壁虎和蟾蜍，避「五毒」也是過端午節的初衷之一。

◆ 食「五黃」

在南方，江浙一帶有端午節吃「五黃」的習俗。五黃指黃瓜、黃鱔、黃魚、鹹鴨蛋黃、雄黃酒。古人認為，黃色可以解毒制煞，雖有些迷信，卻也是按節令保健養生的做法。

◆ 吃「五毒餅」

在北方，「五毒餅」是端午節不可缺少的食物，端午節時要到餑餑鋪去買五毒餅食，相傳該習俗源於元代。

《金瓶梅》中，西門慶在端午節宴會上特意端出了「五毒餅」，也證明它是一種很講究的端午節點心。

「五毒餅」其實就是以五種毒蟲花紋為飾的玫瑰餅，只不過是用刻有蠍子、蟾蜍、壁虎、蜈蚣、蛇「五毒」形象的印子，蓋在酥皮兒玫瑰餅上罷了。

◆ 飲端午茶

這是家鄉一種古老鼎食文化的習風。據村裡的老人講，端午節家家戶戶都會上山，按照自家的傳統，採百草煮端午茶。端午茶有清熱解暑、辟穢驅邪的功效。

在端午節要吃的食物中，粽子不易消化，而端午茶卻是一種養生藥茶，更像是飲食天地中引路的人，餘韻怡然地與美食恬淡相合。

| 驅瘴毒 |

「門前艾蒲青翠，天淡紙鳶舞。」這是蘇軾的端午。

端午在門上懸掛菖蒲、艾葉等，也稱菖蒲節，想想已有好多年不曾採得艾草了，竟不知哪裡還採得到。只得在早市買了些，連同葫蘆一起掛在門邊。只是那葫蘆，再沒有小時候母親自己製作的鮮暖、親近了，失去了些什麼似的，總是浮了層淡淡的東西。

據載，端午時節，自周朝就開始流行用香湯沐浴潔身，以辟攘邪氣疫氣，至唐宋時，稱五月為「浴蘭令節」，是洗藥浴的好日子。宋明期間，這種香湯浴傳入民間，逐漸形成種習俗，人們會選用不同的藥浴防病。到了清朝，藥浴多用於疾病治療和康復。

節氣浴方

端午五枝湯藥浴方

藥材　槐枝、桃枝、柳枝、桑枝各 30 克，麻葉 250 克。

做法　將 5 種藥物用紗布包好，然後加入清水浸泡 30 分鐘，倒入鍋中煎煮 20 分鐘左右。取煎煮好的藥液，倒入適量清水，進行洗浴即可。

這種藥液既可全身浸浴，亦可用於局部泡洗，每週洗 2 次，效果更好。此藥浴可疏風氣、驅瘴毒、祛暑濕。

古法蘇木鹼水粽

古老的蘇木鹼水粽，肉色金黃透明，隱隱透出一枝紅木，暈出一抹殷紅，甘脆可口，去濕健脾。

鹼水粽，顧名思義就是加了鹼水的粽子。所謂的鹼水，是祖先們用草木灰加水煮沸浸泡一日，取上清液而得到的鹼性溶液，實際是土製植物鹼。如今鹼水可以用食用鹼自製，也可在網路上購買。

蘇木是一種中藥材，有祛痰、止痛、活血、散風之功效。蘇木鹼水粽，吃時沾以白糖或蜂蜜，口味更佳。

食材

糯米……………………1000 克
清水…………………………適量
鹼水……………………50 毫升
蘇木…………………………適量
粽葉（箬葉）…………適量

做法

1 糯米淘洗乾淨，加冷水沒過糯米，浸泡 2 小時。

2 鍋中加水大火煮滾，放入新鮮箬葉煮 3～5 分鐘（乾粽葉煮 15 分鐘），煮時須用筷子將箬葉完全壓入水中。取出煮過的箬葉放入冷水中浸泡，這樣可以使其保持綠色。

3 撈出糯米先瀝乾，放入盆中後倒入鹼水拌勻，糯米會即刻變黃。

4 蘇木切成條狀。

5 取出箬葉，將光滑的一面向上，從箬葉尖端向後 1/3 處彎成漏斗狀，將漏斗底部封閉。在漏斗中放入糯米，並在糯米中間插入 1 根蘇木條。

6 用米填滿漏斗，將漏斗狀箬葉多餘的部分向前覆蓋住米，壓緊。

7 用棉線將粽子綁緊。

8 粽子放入鍋中，加水沒過粽子。如果粽子漂浮在水面，可以用一個盤子將粽子壓在水中。大火煮滾後，調成小火煮 3 小時，然後加蓋浸泡悶 2 小時即可。

廚房小語

1. 粽子蘸白糖和蜂蜜，味道無比鮮美。
2. 自製鹼水的比例是 1 克鹼麵加 10 毫升水，即 10 毫升鹼水。也可以購買現成的。

夏至

夏至，五月中。《韻會》曰：夏，假也，至，極也；萬物於此皆假大而至極也。

——《月令七十二候集解》

鹿角解

初候 6月21～25日

老北京炸醬麵，一碗麵關係著北京人的半條命。

夏至的北京，驕陽似火。蟬鳴四起的晌午時分，正是屬於炸醬麵的時刻。

自清代起流行「冬至餃子夏至麵」的說法，清代潘榮陛的《帝京歲時紀勝》裡，寫夏至吃麵的習俗：「京師於是日，家家俱食冷淘麵，即俗說過水麵是也。」

炸醬麵在北京人心裡的地位非同一般，《四世同堂》裡，常二爺進城給祁老爺子祝壽，祁老爺子說：「你這是到了我家裡了！順兒的媽，趕緊去做！做四大碗炸醬麵。煮硬一點！」由此可見炸醬麵作為一種過日子的普通吃食，自帶溫情的細節。

在老北京人看來，「京味兒」過分濃厚的餐廳裡，客人剛進門，招呼聲就到耳邊了：「來啦您吶，裡邊兒請！」那種用托盤端上來的「小碗乾炸」、「七碟八碗」的陣仗，不過徒有其表，氣派得犯規，炸醬麵的靈魂他們根本沒摸到。

北京炸醬麵的靈魂藏在北京人自家的廚房裡，在北京胡同裡的大雜院裡，街坊四鄰在吃飯口兒聚在一堆兒，端著碗炸醬麵，碗裡擱一根脆黃瓜，手裡捏著兩瓣蒜，咬一口黃瓜，吃兩口炸醬麵，吃一口蒜，一邊吃麵一邊聊天，還不耽誤下棋。

老北京炸醬麵有講究，要求麵條柔韌筋道，炸醬濃稠醇香，菜碼（配菜）清爽水靈，講究八小碗，有黃瓜、香椿、豆芽、青豆、黃豆、水蘿蔔絲、白蘿蔔絲、蛋皮絲等，豐儉由人。真正的京城「吃主兒」，都懂得吃滋味最足的應季菜：比如春有香椿、夏有黃瓜、秋有蘿蔔、冬有白菜，過了時令，若再想吃這口兒，可等來年吧。

一碗醬香醇厚的老北京炸醬麵，被無數瑣碎的生活細節填充得豐滿，這一點樸素中的「講究」代代相傳，最終成了北京人難以忘懷的家常味道。

安心為上

今日夏至。「日北至，日長之至，日影短至，故曰夏至。」

陽氣到達極致，但「盛極必衰」，《易經》中乾卦的卦辭「上九：亢龍，有悔」，對應的就是夏至。

夏至北半球各地的白晝時間是全年最長的，陽氣也是一年中最旺的；夏至後一陰生，陽氣轉弱，陰氣始生，也是所謂「陰陽爭死生分」的時節。

一年最重要的兩個陰陽轉換的節點，是冬至和夏至。夏至時節，盛陽覆蓋於其上，陰氣始生於其下，人的陽氣虛浮在體表，體內的五臟六腑正是最空虛的時候，體內陰寒，心陰不足，很容易心煩、失眠、燥熱、上虛火，甚至心悸不安，引發心臟病。心臟病不只是在冬天易發，每年的盛夏是心源性猝死的第二個發病高峰期。

一年中有兩個養心的大日子：冬至和夏至。

夏主心，夏至時養心安神是重點，此時火毒濕重，所以還要祛濕才補得進去，可以從一碗夏至湯開始。

用酸棗仁、蓮子、赤小豆、桑葚乾一起煮一碗養心湯，能養心，扶助心氣，兼除濕熱，幫你扶住正氣，避免濕熱外邪傷心。

在這個食譜中，酸棗仁對養心、平肝理氣、潤肺養陰、溫中利濕等很有益，是扶助心氣的良藥。桑葚，水果中的「烏雞白鳳丸」，可滋陰，可養血。而蓮子，清心醒脾、補脾止瀉、養心安神、滋補元氣，也是養心健脾、除濕熱的良品。赤小豆，李時珍稱其為「心之穀」，能利水除濕、補血脈等，對除濕熱是很有益的。

養心湯全方以養心食材為主，全家人均可飲用，尤其是在暑夏季節，可作為養心除濕熱的常服佳品。

紫甘藍、黑豆、黑米、紫米、紅莧菜、葡萄等富含花青素，另外，蘋果、豬心等也都是不錯的養心食物。

紅酒櫻桃

吃不胖的清涼甜品，才是夏日解藥。

仲夏天氣，最當季的鮮果就是櫻桃。古代典籍中「仲夏之月……羞以含桃先薦寢廟」，說明有櫻桃作為祭拜品及「貢品」的紀錄。

櫻桃，正是夏日最適宜補養身心的食物。中醫認為，櫻桃可以補心氣、養心血，國外的營養學者甚至將櫻桃視作心臟的「阿斯匹靈」。

紅酒是由葡萄發酵而成的，對心血管疾病大有好處以外，同時還有延緩神經細胞衰弱的作用。將這兩樣食物搭配起來，可以稱得上是名副其實的健康甜品。

食材

櫻桃……………………500 克
白砂糖…………………140 克
紅酒……………………345 克
檸檬汁…………………3 克

做法

❶ 櫻桃清洗乾淨後，去核。

❷ 櫻桃和白砂糖放入碗中醃製 30 分鐘。

❸ 將醃製好的櫻桃放入略有深度的鍋中，倒入紅酒。

❹ 煮滾後，轉小火，需要不停地攪拌，以免黏鍋。

❺ 煮至櫻桃轉為濃稠狀，放入檸檬汁攪拌均勻就可以了。

廚房小語 如果不喜歡櫻桃有塊狀，也可以把櫻桃打成泥再熬製。

蜩始鳴

次候 6月26～30日

和古人的情調相比，現代人的夏日生活，看上去都是湊合。

夏至時節，晌午的蟬鳴有點喧鬧，烈日炎炎，拿什麼高招來「續命」？如今，冷風機、電扇、空調，各種防暑「神器」層出不窮。空調一開消千愁，涼茶、生啤酒、冰可樂解煩憂，在冷氣房裡啃西瓜，或許是夏至時最簡單的小幸福。

小時候，沒有空調的夏天，在院子裡鋪一張涼席，和玩伴們躺在上面，數星星看月亮，奶奶搖著手裡的蒲扇，替我們搧風。

那時候的夏天總是那麼快樂，一把蒲扇、一張竹席，就過一個夏天。

我特別喜歡古代人過夏天的方式，周朝出現的冰鑒，除了保鮮食物和盛冷飲，還可以降低室內溫度，是不是很高級的樣子？

在清代宮廷劇《延禧攻略》中，冰鑒由黃花梨木或紅木製成，在周圍放上一圈冰塊，中間的甕裡放入時令水果。

最「拉仇恨」的避暑期方式，真是應了那句話：哪涼快哪待著去。

陸游、孟浩然等文人墨客選擇的是水邊納涼。乘著夕涼，聞著荷香，消解酷夏的躁動。

陸游〈橋南納涼〉：「曳杖來追柳外涼，畫橋南畔倚胡床。月明船笛參差起，風定池道自在香。」

孟浩然〈夏日南亭懷辛大〉：「山光忽西落，池月漸東上。散髮乘夕涼，開軒臥閒敞。荷風送香氣，竹露滴清響。」

如此方式來避暑，是不是詩意得讓人生恨呢？！

｜南冬北烏｜

以夏至為界，前一個月氣溫上升突出一個「熱」字，之後一個月陰氣初升突出一個「濕」字。

夏天熱得比較早，網友便紛紛高呼：打敗我的不是天真，是天真熱。

同樣是熱，南方的熱與北方的熱卻是兩個概念。

南方雨水多，空氣中濕度大，呈現一種濕熱，這是一種滲入整個南方的熱，無孔不入。北方的夏天也是雨季，無論是瓢潑大雨，還是零星散落的小雨、陣雨，過後空氣都是清新明淨的，是一種乾熱。

老北京酸梅湯，儼然成了北方的消暑標籤，一到夏天，備受歡迎。酸梅湯有什麼「神力」，在炎夏讓人們如此心心念念呢？烏梅是酸梅湯的主料，烏梅除了止渴，更重要的作用是收斂元氣；山楂可幫助消化、下氣、化瘀；甘草補脾益氣、解毒；陳皮健脾燥濕；洛神花清涼解渴；桂花辛溫，解鬱。

節氣食帖

洛神酸梅湯方

食材 烏梅15顆、洛神花20克、甘草20克、山楂10克、陳皮5克、冰糖適量、水1000毫升。

做法 把烏梅、山楂、甘草、陳皮放入清水中浸泡30分鐘，然後再和洛神花一起放入砂鍋中加入1000毫升的清水，大火煮滾後轉小火煮幾分鐘，加適量冰糖，喝時加入桂花糖。

夏天熱得人口渴心煩，又感覺元氣虛脫，沒有食欲時，就可以喝酸梅湯開開胃，斂一下元氣，適合體虛的人保護精氣不外泄。

冬瓜茶方

南方雨水多，濕氣重，這種情況就不要想著喝酸梅湯了。濕熱的南方，想要清涼解暑熱，又不涼了脾胃，就來熬祛濕熱、除心煩的冬瓜茶吧。

食材 冬瓜150克、紅糖50克、薑3片，冬瓜和紅糖的比例是3：1，薑只要一點點就可以。

做法 冬瓜清洗乾淨，不用去皮去籽，切小塊，放入碗中，倒入紅糖醃製2小時左右，醃製的冬瓜和水一起倒入砂鍋中，另外加一碗水，大火煮滾之後放入薑片，轉小火熬煮到冬瓜透明，有些黏稠的狀態即可。

解暑濕，加紅糖和薑就是要扶植身體的正氣，更重要的是用紅糖的溫熱、補中虛來消解冬瓜的寒涼，經過熬煮之後，基本上各種體質的人都適合吃。

涼茶紫蘇水

紫蘇：請叫我夏季最佳配角。

以紫蘇葉為主的古飲，最早載於宋代周密的《武林舊事》。在南宋時期，紫蘇熟水是當時街市上最流行的飲料。

元代詩人方回曾有詩言：「未妨無暑藥，熟水紫蘇香。」

據說宋仁宗將之評為天下第一飲料。明代高濂給的方子是，取葉，火上隔紙烘焙，不可翻動，修香收起。每用，以滾湯洗泡一次，傾去，將泡過的紫蘇入壺，傾入滾水。服之，能寬胸導滯。

《博濟方》的記載則是，將紫蘇、貝母、款冬花、漢防己（風龍）同煮，兼潤肺。今宜三分紫蘇一分陳皮，薑少許。

想像一下，在炎熱的夏季，恰逢赤紫蘇收獲之時，用新鮮的紫蘇葉煮一杯紫蘇水，在紫蘇獨特的香味之中，還能嘗到一絲若有若無的薑的辛香，這絕對是夏季最棒的飲品。

食材

紫蘇葉......................200 克
高良薑..........................3 片
冰糖.............................. 適量

做法

1 紫蘇葉去梗洗淨，切 3 片高良薑。
2 放入鍋中，加水同煮。待水沸後，可根據口味，放入冰糖，涼後即可飲用。

廚房小語

1. 高良薑可用生薑代替。
2. 如若喜歡口感濃厚的紫蘇熟水，可參照改良高濂的做法，用烤箱下火 120°C預熱 5 分鐘，紫蘇葉隔紙放入烤箱，溫度調到 100°C烤 3 ～ 5 分鐘。烹烤後的紫蘇香氣濃郁，不同於之前的清香。

半夏生

末候 7月1～6日

夏至楊梅紅滿山，藏在夏至裡的私房梅食方。

超市的水果架上，滿眼皆是紅豔的楊梅，忍不住咽一下口水，微酸繞齒，忽覺已是楊梅時節。

楊梅也是這個季節的恩物，它能幫助身體斂汗、止瀉、祛濕，可以預防流汗過多引起的耗氣傷陰，還能幫助生津解渴、健胃消食。

楊梅既是夏日裡生津止渴的好水果，也是記憶中關於母親和故鄉的味道的來源。

之前，我從未對它感興趣，因為它總在一個季節裡出現在我的眼前，那時，母親總會在楊梅上市的季節，泡楊梅酒，做幾次楊梅醪。

母親做的楊梅醪，是私房的、小眾的。

母親做楊梅醪的方法是：先將糯米浸泡，再將糯米蒸成乾飯，晾涼後放在容器中。

楊梅用鹽水洗淨浸泡 15 分鐘，再放入沸水中汆燙滅菌，去核搗碎，放入糯米飯中撒上酒麴拌勻蓋上蓋子後，放在 30℃左右的環境中，若是溫度不夠高，還得在容器上頭放個熱水袋，讓其更好地發酵。兩、三日後開啟，一股甘洌的清香芳醇之氣猛然竄入肺腑之內。

母親告訴我，糯米是一種溫和的滋補品，有補虛、補血、健脾、暖胃等作用，糯米的這些效果在做成酒釀以後更加突出。

加了楊梅的酒釀，雖然濃濃的酒味掩蓋了楊梅的果香，可是，它的身影還是留在了醪糟裡，那麼粉，那樣豔，如夢方醒般的香豔迷離。

當你把一勺楊梅醪送入口中，初入喉，香甜氣頗濃，如一場不知歸路，誤入藕花深處的豔遇，餘味悠長。

| 清暑益氣 |

夏至，暑氣漸重，人出汗多，汗為心液，出汗太多會大耗元氣，就開始出現倦怠、乏力、易疲勞等症狀，這是因為暑熱耗傷了氣陰。

清暑益氣名方生麥飲，是夏天最應季的小補茶方。

生麥飲最早出現在孫思邈的《千金方》裡，由人參、麥冬、五味子三味藥組成。金元名醫李東垣所著《內外傷辨惑論》中記：「聖人立法，夏月宜補者，補天真元氣非補熱火也，夏食寒者是也。」

人參補氣。麥冬補陰，而且麥冬還是入心經的。五味子，五行皆備，所以可補五臟。五味子還有一個功效比較突出，就是固澀收斂。夏天陽氣總想向外散，而五味子能收斂精氣，這樣，補的氣血就不會亂跑。一個補元氣，一個生陰血清煩熱，一個收斂氣血。配合默契，缺一不可。

夏季，如果是氣陰兩虛的人，一旦被濕熱的夏天逼得傷暑、中暑，困倦、氣短乏力，那麼就請來一杯生脈飲吧，可謂「虛人抗暑良方」。

節氣食帖

生脈飲

食材 人參6克，麥冬9克，五味子4克。

做法 藥材切碎後加水煮5～10分鐘或用開水燜泡10～20分鐘即可，當作茶飲，每週喝2～3天就好。人參可用黨參代替。

禁忌也一併說一說吧。感冒、咳嗽、中暑時不喝；舌苔厚膩的濕重體質者不喝，會助濕；還有，孕期不能喝。另外，忌與茶、蘿蔔同時飲用。

秋葵沙拉 寇帕風乾火腿

用沙拉爽一「夏」。

寇帕風乾火腿，薄得半透明的火腿肉切片，鮮紅色瘦肉薄片裡夾雜著白色脂肪，紅白相間、略帶鹹味、滋味鮮美。多用於西餐冷熱菜、湯類等，亦可製作三明治、漢堡。

寇帕風乾火腿搭配秋葵，加入義大利黑醋黏稠而醇厚，味道酸中帶甜，令清淡的蔬菜帶有香甜的酸味，非常清爽的口感，簡單卻不失美味。

夏天懶得做飯的時候，不妨來一盤沙拉，它也許會帶給你意外的驚喜。

食材

寇帕風乾火腿……5 片
秋葵……400 克
小番茄……5 個
苦菊……1 棵

調味料

義大利黑醋……15 克
紅葡萄酒……10 克
檸檬汁……適量
橄欖油……5 克
鹽……1 克
糖……3 克
黑胡椒粒……適量

做法

1 秋葵燙熟撈出，放涼。
2 苦菊洗淨，切段；小番茄洗淨，切塊；秋葵切段。
3 義大利黑醋、紅葡萄酒、橄欖油、鹽、糖放入碗中，並磨黑胡椒粒，最後擠上檸檬汁，即成醬汁。
4 秋葵、小番茄、苦菊放入碗中，最後放入寇帕風乾火腿片。
5 加入醬汁拌勻即可。

小暑

小暑，六月節。《說文》曰：暑，熱也。就熱之中，分為大小，月初為小，月中為大，今則熱氣猶小也。

——《月令七十二候集解》

溫風至

初候 7月7～11日

俗語：小暑大暑，有米不願回家煮。

熱到「絕食」？是呢！煙火瀰漫的廚房，滾熱的油鍋，做飯變成一件很糾結的事情。兩個人的晚餐更像是應付了事：電壓力鍋將綠豆煮成湯湯水水，全素的快速簡便菜，荷蘭豆、芹菜、藕尖椒炒在一起，蔥花 6、7 粒，加鹽半勺，香油 2、3 滴，多菜一吃，色香味俱全。

細細想來，看似簡單的快速簡便菜，隨著個人搭配不同，也是可以千變萬化的。既簡單又快捷，短短幾分鐘就可上桌，最大的特色便是快。

下班時，順帶拎回一顆西瓜，沉甸甸的，令人感覺圓滿而安樂。

刀輕輕一劃，就裂了開來，捧著半個西瓜，黑瓜子悠閒自在地躺在紅紅的瓜瓤中，拿湯匙挖著吃，將紅瓤挖盡，製造一個完美的中空半球，然後飲下一汪紅汁，立即就感覺到透心涼。

西瓜消夏日暑氣，清熱生津，解渴除煩。中醫裡將它稱為天然「白虎湯」。但其性寒，貪吃恐傷脾助濕，古人因此稱它為「寒瓜」。

用新鮮的西瓜外皮煮成西瓜皮涼茶也未嘗不可，只是口感微苦、生澀一些。若想好味，可加入紅茶、蘋果、玫瑰茶、荷葉等，都是清暑益氣、祛濕又滋養的選擇。

晒乾後的西瓜皮可製成中藥西瓜翠衣，是清熱燥濕藥，具有清熱解毒的功效，中寒濕盛者忌用。西瓜霜噴劑就是以西瓜皮為原料製成的。

當你因吃多了白玉團團的荔枝而上火時，可以喝杯翠衣銀花飲，用乾瓜皮和金銀花煎飲代茶消解。

｜盛夏始｜

入夏到現在，幾乎天天吃粥也不厭倦，多是白扁豆百合粥，有時裡面加了金黃的玉米渣或者蕎麥粒。白扁豆真是個好東西，光是揭開鍋蓋的一剎那，淡淡的香氣就讓人歡喜。百合要用新鮮的，一瓣瓣如玉白，有些微苦，也有些微甜，這美麗的植物，從花朵到根莖都這麼好。

有時也煮白扁豆南瓜粥，橙黃的南瓜切成小塊，加入白扁豆和白米一起煮，煮出來的粥是甜的，金黃雪白，食之神清氣爽。

李時珍說白扁豆「嫩時可充蔬食茶料，老則收子煮食」。扁豆的嫩莢，炒菜清爽可口，成熟的種子，就是白扁豆。直接用豆子和白米煮粥，是健脾養胃的最經典吃法。

白扁豆味甘，入脾胃經，是一味補脾而不滋膩，除濕而不燥烈的健脾化濕良藥。《本草求真》裡記載白扁豆：「多食壅滯，不可不知。」這是豆類共有的一個特性，食用過多容易氣滯，讓人感到腹脹，所以白扁豆可以常吃，量不宜過多，抓十幾粒煮碗粥，就是一道健脾養胃、消暑化濕的營養粥膳。

如今人們的生活中，濕邪無處不在，而在夏天，這個濕一遇到熱就變成了「濕熱」，「濕」與「熱」糾纏在一起，是很麻煩的，所以會出現胸中滿塞發悶，或出現口苦、濕疹、小便赤短、女性白帶渾濁黏稠等。

出自《壽世青編》的綠豆扁豆飲方，取白扁豆 30 克，綠豆 50 克，將二者洗淨放入砂鍋，加適量水，煮到豆子都熟爛為好，然後濾渣取汁。每日一劑，空腹時可以隨意飲用。它能很好地幫助你清熱解毒，健脾化濕。

白扁豆「中和輕清，緩補」，就是藥性不夠強勁，最好炒製一下，炒到顏色微黃有些焦斑的時候為好，可以增加它的溫性，在健脾的基礎上加強止瀉的效果。

擼串

沒擼過串兒，還叫什麼過夏天？

近幾年，夏日標配就是啤酒、小龍蝦。退去了白天的炎熱，晚風裡夾雜的香氣，那就是燒烤的味道。

韓式辣醬烤里脊串，是用豬里脊肉，如果你喜歡，也可以用這個醬料醃製牛里脊來烤。韓式辣椒醬和韓式辣椒粉，在超市或網購都可以買到。

食材

豬里脊肉..................300 克

調味料

蔥................................10 克
蒜................................10 克
薑..................................5 克
韓式辣椒醬................30 克
醬油............................10 克
白砂糖..........................5 克
韓式辣椒粉..................3 克
鹽..................................2 克
香油..............................5 克
食用油..........................5 克

做法

1. 把里脊肉切塊，放一個大碗中，加入辣椒醬、醬油、白砂糖、辣椒粉、鹽、香油、蔥、薑、蒜攪拌均勻成醬料。

2. 將肉片和醬料充分抓拌均勻後，蓋上保鮮膜，醃製 1 小時。

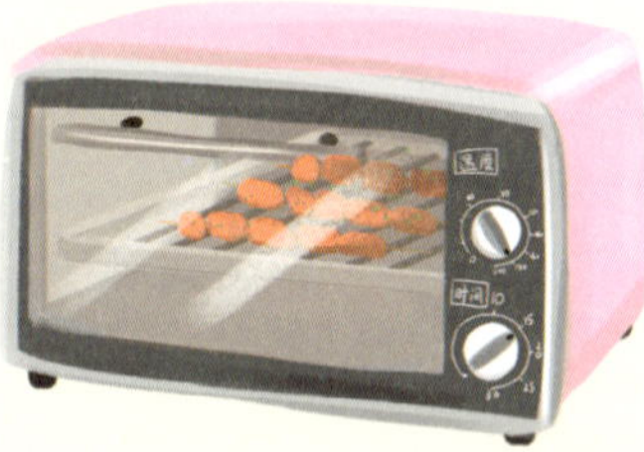

3. 用竹籤將肉塊串好，放到烤架上，刷上一層食用油。

4. 烤箱預熱 180°C，待烤箱預熱後，將烤架放入烤箱，上下火，中層，烘烤 15 分鐘左右，中間翻面 1 次。烘烤時間依自家烤箱而定。

廚房小語

1. 如果家裡剛好有柳橙，在醃製肉片的時候，調味料中可擠入一些柳橙汁，這樣更能增加香甜的口感，肉片的口感會更加軟嫩。
2. 里脊肉很容易烤熟，千萬不要烤太久，否則影響口感。

蟋蟀居壁

次候 7月12～16日

小時候在南方時，自家院裡有竹，一到小暑時節，母親就會採些竹葉煮粥或煮茶。鍋中的水煮滾後，丟下數片竹葉，煎一小會兒，水就變了顏色。成了一鍋清香、碧綠的竹葉茶，那透明的、翡翠般的綠色逼人，給人的心境一抹清冽的快意。

竹葉是中醫一味傳統的清熱解毒藥，可清心火、利小便、除煩止渴。竹葉茶有著典型的竹葉清香，清爽怡人，微苦、微甜，可清心火，養心消暑。

如果你嫌竹葉茶過於清淡的話，可以再泡杯三葉茶，即再加上荷葉和薄荷葉。荷葉入心、肝、肺三經，有清暑利濕、生津止渴的妙用。薄荷則可醒腦安神、散熱解毒、疏風散熱，還可令口氣清新。三者用水煎，每日喝一杯，甘甜中透著清涼，竹葉的清香在口中淡淡的，無可，也無不可。

清晨是採竹葉的最佳時間，竹葉納晨之清涼，飲露水之精華，此時的香味是最醇正的。

母親煮粥時，將米小心地倒入鍋中，再放進竹葉，先用大火煮沸，再改小火慢熬，不一會兒房間裡就會被淡淡的竹葉香氣充斥，一口灶，就這樣把清晨煮成了香氣瀰漫的粥，清洗了殘夢。

端上桌的竹葉粥，微黃淡綠，濃稠生香，低眉之間，天然的味道，有一種孤芳自賞的香，如竹，枝節叢生，葉葉心心又都關情。

有一次，返程時，我特意囑咐母親：「幫我帶一包竹葉，等我想您的時候，就熬粥喝。」母親笑了，幫我準備了足足一大包。閒暇時，我特意取一些竹葉，熬一鍋像母親那樣帶著日晒之氣的竹葉粥。

滋陰養陽

為什麼說陰陽互根呢？

人的陽氣從旺盛的頂點慢慢下降，「陽盛於外而虛於內」，所以要注意養陽。但是，陰陽不僅是對立面，還是互相長養的。

陰陽互根，補陽應先補陰。陰如油燈的油，陽似油燈的燈芯火，油寡時獨挑燈芯而旺火，豈能長久？而病大都是從傷陰開始的，病情發展到陽虛階段時，多半已經是陰陽兩虛了，少有陰足而陽獨虛者。故補陽藥一般不單用，而是和補陰藥配伍使用，比如張仲景的腎氣丸組方。

為什麼有些人吃點陽氣旺的荔枝、龍眼、榴槤、羊肉就上火呢？就是因為陰不納陽，身體的陰制不住陽，陽氣虛浮，引起咽喉乾、腫痛、牙痛、眼睛紅，這時補陽氣根本補不進去。

此時清火更是不行了，得滋陰。滋陰，是為了陽氣更好地收斂，把陰養足了，就能緊緊鎖住陽氣不外越了，也就達到陰陽和合的完美境界。

還得知道一些滋陰斂陽的食物，怎麼吃才能最終把陽氣變為自己的。蓮子、淮山，這兩種食物既可健脾，又有助於斂藏陽氣，性味甘平，不燥熱，不寒涼，搭配瘦肉用來煲湯，放幾片薑，都可以滋養陰液，幫助陽氣收藏，而且極平和，全家老少都可以喝。

用石斛、茅根、馬蹄、玉竹來燉肉湯，是極好的養陰湯。家裡有銀耳、燕窩的，也可以燉起來。酸酸甜甜的酸梅湯、檸檬蜂蜜水，也可以養陰，酸甘是能化陰的。小暑時節，南方多瘴氣，濕熱太重，人在這種環境裡，必須得經常清掃身體的濕熱。

可用五葉參煮茶喝，五葉參也叫五葉絞股藍，被稱為「南方人參」和「東方神草」，它味甘，性溫和，一般長期喝無任何毒副作用，且有清潤透心之感。它補陰養陰的速度特別快。

說到絞股藍，常見的有五葉和七葉之分，五絞股藍葉茶，喝完就像在大熱天裡找到一處樹蔭，燥火全無，自然清涼。

七葉絞股藍性寒，其口感清苦，喝多了不行，但是解毒性強，更適合入藥。

小暑湯：烏梅三豆飲

古人將小暑節氣的飲食概括為：三花、三葉、三豆、三瓜。

三花是指金銀花、菊花和百合花；三葉是指荷葉、淡竹葉和薄荷葉。三花三葉適合沖泡成茶，是消暑佳品。

三豆是指綠豆、赤小豆和黑豆，不僅清熱除暑、健脾利濕，還能祛痘除痱子；三瓜是指西瓜、苦瓜和冬瓜。

此方出自宋代醫學著作《類編朱氏集驗醫方》。三豆飲微甜而清爽，既是糖水，也是味道超好的藥茶。三豆飲解盛暑之毒，還能祛痘、除痱子、小孩子也可以放心喝。

根據自身情況，可以斟酌添加以下小暑三豆飲的配料：愛出虛汗，再加麥仁；心火旺，加帶芯蓮子；脾胃虛寒、易腹瀉，加大棗生薑；心血虛，加龍眼肉。

烏梅三豆飲是在三豆飲的基礎上加了一味烏梅，喝起來像是一杯酸梅湯，總是讓人感覺帶著古老的味道，味濃而釅，甜酸適度。

食材

紅豆............................30 克
黑豆............................30 克
綠豆............................30 克
烏梅............................40 克

調味料

冰糖............................適量
清水............................適量

做法

1 紅豆、黑豆、綠豆洗淨，浸泡 2 小時。

2 砂鍋中放入紅豆、黑豆、綠豆，加適量清水。再放入烏梅。

3 大火煮滾，轉小火煮至豆子軟爛；放入冰糖煮化即可食用。

廚房小語	紅豆也可換成黃豆。

鷹始擊

末候 7月17～22日

夏至後第三個庚日，入伏。南方悶熱，北方高溫。

按農曆算，此時通常是六月初。農曆六月是江南一帶最炎熱的時候，蘇州人一抒發熱之感慨，就說「大六月裡」。一個「大」字，包含了多少關於熱的「超級」、「無邊」的感嘆啊！

顧祿《清嘉錄》：「六月宜大，諺云：六月大瓜茄落蘇籮來坐。」又是一年的六月天，是茄子隆重上市的時節。過去只有在夏天才能吃到茄子，而如今不管何時何地，都可以隨意品嘗。

茄子，古時叫落蘇、昆侖瓜、草鱉甲等。落蘇是古語，亦稱酪酥，茄子味道似酪酥，因味得名落蘇。念一念落蘇這個詞，會有一種非常特別的感覺。然而，對我來說，茄子仍然還是茄子。

張愛玲說過，「看不到田園裡的茄子，到菜市場上去看看也好——那麼複雜的、油潤的紫色」。

茄子幾乎適合所有的烹飪方式，清代袁枚在《隨園食單》中記載過幾種茄子的吃法，一是把茄子切成小塊，不去皮，入油灼微黃，熱鍋油爆炒；二是把茄子蒸爛劃開，用麻油米醋拌，夏令時節做冷食吃，特別開胃；三是把整條茄子削皮，滾水泡去苦味，豬油炙之，炙時須待泡水乾後，用甜醬水乾煨。

《紅樓夢》中的那碗「茄鯗」，是「把採下來的茄子，把皮刨了，只要淨肉，切成碎丁子，用雞油炸了，再用雞脯子肉並香菌、新筍、蘑菇、五香豆腐乾、各色乾果子，俱切成丁子，用雞湯煨乾，將香油一收，外加糟油一拌，盛在瓷罐子裡封嚴」。

也許這是世間最奢華、最富貴的茄子了，用幾隻雞來做一碗茄子。「茄鯗」至今依然虛幻在《紅樓夢》裡，好似美人如花隔雲端。

｜伏閉不出｜

入伏，代表著長夏的開始。

《漢官儀》曰：「伏日萬鬼行，故盡日閉戶，不涉他事。」古人認為，伏就是陰氣，三伏天時，陰氣迫於陽氣而藏伏，故名「伏」，所以應該閉門在家，「伏藏」起來，古代的「入伏日」是休假一天的。

入伏後，高溫多雨，毛孔擴張，濕熱會乘虛而入，若人體正氣不足，或因天氣炎熱而嗜食生冷，以致水濕內停，往往容易受暑熱兼濕邪而病。

三伏天雖然濕熱難當，卻也是清熱祛濕的好時節，這一段時間好好清熱祛濕，否則錯過了就要再等一年了。

三伏天人體的陽氣都浮在體表，五臟六腑是寒涼的，此時再吃冰棒、雪糕之類的冷飲，相當於雪上加霜。尤其是一到冬天就特別怕冷、手腳冰涼的人，本身寒氣就重，再吃就更寒到骨髓了。

如果能堅持一個三伏天不碰冷飲，即使不專門去冬病夏治，體內的頑固寒氣也能自己驅逐大半。

清熱解毒的茶飲有很多，像薄荷陳皮茶、金銀花茶、菊花茶等，這些茶都不錯，尤其是薄荷陳皮茶，是用蒲公英、荷葉、陳皮混合泡茶飲，在清熱解毒的同時，又能健脾祛濕。

祛濕排寒的薏仁薑粥，食材有薏仁、麥子、小米、蜜棗、生薑，做法是薏仁、麥子提前泡 2 個小時，然後所有材料一起入鍋，煮成粥。

薏仁祛濕；麥子養心除煩、益腎、健脾，同煮還能增加甜香；小米是養胃第一穀物，就不用多說了；蜜棗，調胃補虛的好東西，廣東人煲湯少不了的祕密武器，用在這裡是增加甜味，代替糖類；生薑祛寒濕、健胃止痛。薏仁、麥子須等量，蜜棗多放甜味才突出，生薑也不能吝嗇，需要多放些才有濃郁的療癒感。

羊肉片湯紅酒番茄

入伏了，拒絕寒涼之物是對自己最大的愛。

入伏後吃什麼？入伏吃羊肉（適量）意外不？都覺得大熱天吃羊肉會燥熱，錯！

在民間有「彭城伏羊一碗湯，不用神醫開藥方」之說法，徐州的夏天，不得不提到的就是「伏羊節」，「沒有一隻羊能活著離開伏羊節」，可見徐州的吃貨們真是把羊肉當成消暑的美食。

大熱的天，做個快速的紅酒番茄羊肉片湯吧，因用的是羊肉片，下鍋後幾分鐘汆熟即可上桌了。

食材

羊肉片......................200 克
番茄..............................1 個
紅蔥頭..........................2 個

調味料

黑胡椒粉...................... 適量
香菜.............................. 適量
鹽.................................. 適量
紅酒............................30 克
高湯..........................500 克
番茄醬........................20 克
食用油.......................... 適量

做法

1 番茄去皮，切塊；紅蔥頭切塊。
2 鍋中放油，下番茄醬炒出紅油，放入紅蔥頭炒香。
3 倒入紅酒。
4 下番茄炒軟。
5 倒入高湯煮滾。
6 下羊肉片，煮熟，以鹽調味後即可出鍋。
7 食用時撒黑胡椒粉、香菜。

大暑

大暑，六月中。解見小暑。

——《月令七十二候集解》

腐草為螢

初候 7月23～27日

俗語說：「六月莧，當雞蛋；七月莧，金不換。」

記得小時候，看著母親把莧菜夾到我的碗裡，那胭脂般的莧菜汁，讓白飯剎那間染成粉紅，如同潑了一盞胭脂，迫人眼目，只覺得無限的喜悅，無限的美，柔豔到太妖嬈，太曼妙。如此驚豔，征服了我。

後來，看張愛玲的散文《談吃與畫餅充飢》，她寫道：「有一天看到店鋪外陳列的大把紫紅色的莧菜，不禁怦然心動。但是炒莧菜沒蒜，不值得一炒。」

張愛玲還寫過：「在上海我跟我母親住的一個時期，每天到對街我舅舅家去吃飯，帶一碗菜去。莧菜上市的季節，我總是捧著一碗烏油油紫紅夾墨綠絲的莧菜，裡面一顆顆肥白的蒜瓣染成淺粉紅。」莧菜，讓張愛玲寫得如此有意象，熱鬧的底子上綴滿生命的冷清，也看到了張愛玲的才情與蝕骨的薄涼。

莧菜就是這樣的菜，炒食，素味清而淡遠甜悠；涼拌，則有一股使人肺腑之內有清氣浸潤的意外韻味，彷彿可以填入〈憶江南〉的清麗小令裡。

母親做的莧菜炒飯，加上蒜末、鹽，再淋上幾滴熟香油，無須太多的渲染，便可使得一碗白飯桃之夭夭，灼灼其華了，不由發出一聲最美的嘆息。

每年一季的莧菜，不會在市場上停留太久，喜歡這抹妖嬈、曼妙的朋友們，千萬不要錯過。

夏食薑

薑，是個被神話了的食物，都知道吃薑對身體有益，所以亂吃的人可真不少。

孔子有一年四季不離薑的習慣，他在《論語‧鄉黨》中有「不撤薑食，不多食」之說。南宋朱熹在《論語集注》中說：「薑能通神明，去穢惡，幫不撤。」

俗話說「冬吃蘿蔔夏吃薑，不勞醫生開藥方」、「早上三片薑，賽過喝參湯」。也許會有人說，夏天這麼熱，吃薑會不會上火？其實生薑辛溫，功效在於溫補，具有促進血行、祛散寒邪的作用。所以生薑能把體內多餘的熱氣帶走，也能把體內的濕氣、寒氣一同帶走。

生薑是生發陽氣的，而早晨七到九點鐘，氣血剛好流注陽明胃經，這個時候吃薑，能生發胃氣，促進消化。而午後陰氣開始升起，陽氣開始收斂，所以晚上不宜吃薑。

薑茶是種歷史悠久的飲品，三伏天是最適宜喝薑茶的時節。把生薑切片或切絲，在沸水中浸泡 10 分鐘後，再加蜂蜜調勻，即成薑茶，可每天喝上一杯。或者將少許茶葉、幾片生薑放入鍋中加水煮，10 分鐘即可，可在飯後飲用，覺得辣的話，加點糖。

「朝含三片薑，不用開藥方」，把生薑洗淨切成薄片，每天含上三、四片，作為保健方法來說，最是輕鬆有效。

薑汁撞奶，可能很多北方人沒吃過，卻是番禺最著名的傳統小食，已有一百多年歷史。它形似豆花，口感爽滑香甜微辛，卻能驅寒養胃、美容養顏。

生薑藕汁做法也簡單，將蓮藕、生薑放入食物調理機中打成汁，過濾後倒入鍋中，加入一倍的清水和適量冰糖，煮滾即可。有散寒清熱、生津和胃、止嘔的作用。

有人常年喝薑茶，說實話，不太好。凡屬陰虛火旺、目赤內熱者，或患有癰腫瘡癤、肺炎、肺結核、胃潰瘍、膽囊炎、腎盂腎炎、糖尿病、痔瘡者，都不宜長期食用生薑。

大家往往記住了孔子不撤薑食，忘記了人家也是「不多食」的，要謹慎吃薑，吃得不合適會過熱傷肺。

原盅
椰子雞湯

不加一滴水的原盅椰子雞。

原盅椰子雞，椰子既是容器又是食材，雞湯清淡、雞肉嫩白，保持了原汁原味的鮮嫩，嘗一口，椰子和雞肉混合出別具一格的清甜，非常適合夏天食用。

超市現在有販售開口的椰子，終於不用再費力開椰子了。椰子要選分量較重的，再搖一搖，感覺裡面有很多汁水，就是好椰子。

食材

土雞……………………半隻
椰子……………………2 個
枸杞……………………15 克
紅棗……………………6 個

調味料

薑………………………3 片
蔥………………………1 段
料酒……………………15 克
鹽………………………2 克

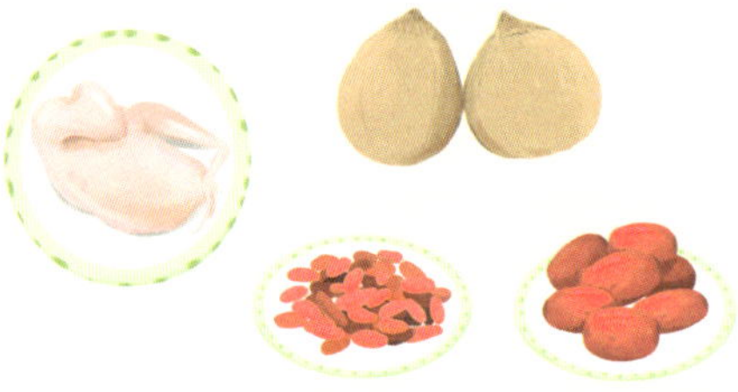

做法

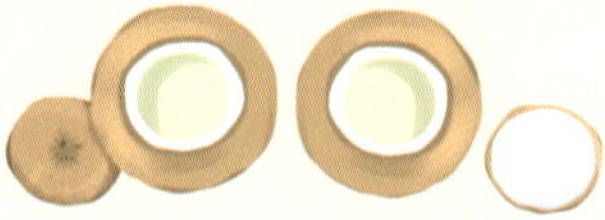

❶ 在超市選購開口的椰子。從開口倒出椰汁。

❷ 紅棗、枸杞在碗中泡軟。

❸ 雞肉切成小塊置入盤中，2 個椰子配大概半隻雞就夠了，並加入蔥、料酒和適量鹽。用手抓至黏手起膠，蒸出的雞會特別嫩滑。

❹ 將抓好的雞肉直接塞到椰子殼裡，放入薑片、紅棗、枸杞。倒入椰汁，注意不要加水，這樣做出來的雞湯才夠鮮甜，才能稱之爲原盅。

❺ 把椰肉鋪在椰子盅最上層，蓋上椰子殼後，將椰子放在一個小碗上，放入蒸鍋中，蓋上蒸鍋蓋大火煮滾後轉中火燉蒸 1 小時，這道原盅椰子雞就做好了。

廚房小語	最好選擇小土雞，油少不膩，才能與椰子的清爽相搭。

土潤溽

次候　7月28日～8月1日

大暑已到，該熱的風，該下的雨，該響的雷，該長的果，都一一經過。

暑假是夏天裡最美好的時光，可以去鄉下奶奶家「瘋」。鄉下的夏夜，菜地的菜，夜裡也在生長，風拂過番茄的秧，再捲進紅薯稠密的葉叢。

葡萄架上的藤蔓延著，葡萄架下，躺進爺爺的竹椅，腳前放一木凳，整個人平躺著，入夜時的悶熱，也被風消散得一絲不留。

清涼的驚喜，是這炎炎夏日裡幸福的滿足，不要笑我一下子跌回過去那個年代。

《生命中最美好的事都是免費的》這本很簡單的書，記錄著我們平凡生活中很容易被忽略的小細節。在忙碌紛繁的都市生活中，我們的心漸漸遺失了對美好生活的想像，有時候就是這些平淡無奇的小事情，會讓人會心一笑。

年齡越長，越是懷舊。

陸游有詩：「白髮無情侵老境，青燈有味似兒時。」每回頭看去，兒時的記憶最純真、最親切，隨著那些記憶回落，帶有莫名其妙的惆悵痕跡，更像黑白的舊電影，什麼時候想起都有剎那間難忘的時刻。

｜二伏麵｜

流傳三千年的「養生湯」，不來一碗真對不起自己啊！

民間有「頭伏餃子，二伏麵，三伏烙餅攤雞蛋」之說。無論是餃子、麵條，還是烙餅，都屬於麵食。

那麼，三伏天為什麼要吃麵食呢？

伏日吃麵，這一習俗三國時期就已開始了。《魏氏春秋》上說，何晏「伏日食湯餅，取巾拭汗，面色皎然」。南朝梁宗懍《荊楚歲時記》中說：「六月伏日食湯餅，名為辟惡。」這裡的「湯餅」，就是熱湯麵。其實，最早時伏天吃的麵是熱湯麵，為什麼在熱天裡吃熱麵？熱湯麵可以促進身體發汗。

什麼，夏天要出汗？沒錯。伏天天熱，出汗是順應自然的養生之道，吃點熱的，出出汗，將體內的濕熱排出，才爽快呀。

除了喝熱湯麵，還可以吃過水麵。將煮好的麵條過涼水，拌上蒜泥，澆上滷子（濃厚的羹汁），不僅刺激食欲，而且敗心火。

入伏日裡還吃一種流傳三千年的「養生湯」，就是炒麵。

所謂炒麵，是將麵粉放入鍋中炒熟，然後用開水加糖沖泡後吃。唐代醫學家蘇恭說，炒麵可「解煩熱，止泄，實大腸」。這種吃法起源於漢代，唐宋時更為普遍，不過那時是先炒熟麥粒，再磨麵食之。

在《滿文老檔》裡有記載，麵茶亦稱油茶，是將麵粉加牛的骨髓油和乾果仁（如芝麻仁、核桃仁等）炒熟，食用時，根據用量盛於碗內，加糖或鹽，以沸水沖成半液體狀態即成。

吃麵如何搭配菜？人們在吃麵的時候，往往會配一點黃瓜絲。這種吃法雖然爽口，但是營養單一，所以，蛋白質必不可少，就要有蔬菜與肉蛋的搭配，比如油菜、小白菜、黃瓜、綠毛豆、胡蘿蔔絲、肉、雞蛋、豆乾等。

麵條種類可以多種多樣，像是綠豆麵、雜豆麵、蕎麥麵、玉米麵等。

香茅牛肉泰式綠咖哩

綠咖哩永遠都是「白飯小偷」，記得把飯多煮一碗哦，因為真的非常下飯啊！在這個夏季可以試試看，讓你味蕾全開。

泰式咖哩分紅咖哩、綠咖哩、黃咖哩等多個種類。紅咖哩是因為食材中有紅辣椒；綠咖哩的顏色是由於其中的青辣椒、羅勒等染色而呈現出來的；黃咖哩的顏色則是因為薑黃。

三種咖哩口味不太相同，紅咖哩味道較辣，口味較重；綠咖哩口味偏酸，略帶辣味，更加鮮美，不刺激；黃咖哩口味比較溫和百搭。綠咖哩較黃咖哩辣口，且後勁強，不敢吃太辣的人，最好慢慢一點一點放入，邊嘗邊加。

食材

- 牛肉……400 克
- 馬鈴薯……1 個
- 紅蔥頭……2 個
- 胡蘿蔔……1 個

調味料

- 泰式綠咖哩醬……50 克
- 椰漿……200 克
- 椰奶……適量
- 醬油……10 克
- 清水……適量
- 香茅……2 根
- 咖哩葉……2 片
- 檸檬葉……4 片
- 花椒……數粒
- 高良薑……15 克
- 魚露……5 克
- 糖……3 克
- 鹽……2 克
- 食用油……適量

做法

1. 牛肉切塊，冷水下鍋，放幾粒花椒汆燙備用。
2. 馬鈴薯、胡蘿蔔切塊。
3. 紅蔥頭切 4 瓣，高良薑切片，香茅切段。
4. 鍋中放油，下紅蔥頭、高良薑炒香。
5. 放入牛肉炒至微黃。
6. 放入綠咖哩醬炒勻。
7. 放入馬鈴薯、胡蘿蔔炒勻。
8. 加適量清水，接著放入咖哩葉、檸檬葉、香茅、椰漿、鹽、魚露、糖、醬油調味。
9. 大火煮滾，轉小火燉 1 小時左右。在出鍋的時候，鍋裡再倒些椰奶，讓湯汁變稠就可以了。

廚房小語

魚露已有鹹味，鹽、醬油請酌量添加。

大雨時行

末候 8月2～6日

大暑三候，像個戲精。

此時此刻，大雨時行，大雨和颱風這樣的極端天氣時常光顧，每一天都濃墨重彩。

這兩日又燥熱起來，炎陽似火烤炙著大地，熱得讓人透不過氣來。天色有點陰，看看窗外的天色，總有些失望，多麼盼望下場雨，可惜昨晚烏雲翻湧、狂風漫捲，雨卻始終沒有落下來。

網友紛紛吐槽天熱：「能出去見面的都是生死之交，能出去工作的都是亡命之徒，能出去約會的都是心中真愛。」

夏天的記憶，是外婆家的星空和穿過堂的風，一家人在院子裡擺張小飯桌，一邊說笑一邊吃晚飯，旁邊有蟬鳴和幾隻螢火蟲，最喜歡的是飯後取出吊在井裡的西瓜，破一個大西瓜，一家人吃著。

開著窗躺在床上，並無睡意，有點熱，風吹過，有點涼快，窗外樹葉響，什麼也不想，時間好像已不復存在。

雨還是下了，下得很大，不得不關上窗子。我站在窗前看著斜斜的雨線密密地打在玻璃上，匯成小溪又流淌下去，雨聲嘩嘩的。

很久沒有下過這麼大的雨了，透過模糊的窗戶看出去，樓下的花園在雨中一片濕綠，讓眼睛分外清涼。可惜雨雖大卻不長久，只一會兒就漸漸停了。

吃了一塊冰涼的巧克力慕斯。越來越發現，很多時候，哪怕是感到百無聊賴，甚至萬念俱灰，感覺人生沒有什麼樂趣的時候，一盞甜點，馬上就能拯救過來。人生多憂，唯有美食可以解憂，讓人忘記生活中的不開心。

｜度夏湯｜

請端好這一碗度夏湯。沒有冷飲的古人，在盛夏時節，用什麼「冷飲」或「飲料」來解暑呢？

其實在中國古代的醫書中，記載的解暑藥茶方劑就有百餘方，古人把這些飲料稱為「熟水」或「暑湯」，其中「熟水」之名始於宋代，曾在宮廷內及文人雅士間風靡一時，並流傳下來為世人所知。

成書於南宋末年及元初的《事林廣記》記載：「仁宗敕翰林定熟水，以紫蘇為上，沉香次之，麥門冬又次之。」

《廣群芳譜》也記載了，宋仁宗曾經命翰林院評定湯飲的高下，「以紫蘇熟水為第一」，所以，元代詩人吳萊吟道：「向來暑殿評湯物，沉木紫蘇聞第一。」

《本草綱目》中記：「紫蘇嫩時採葉。和蔬茹之，或鹽及梅滷作葅食甚香，夏月作熟湯飲之。」

還記得孩提時期，家裡的園子裡養了幾株紫蘇，無論是燒魚、燒鴨、炒田螺，還是燉茄子、炒豆角，都摘上幾片紫蘇葉來調味，菜的味道便格外香。夏天，每當傷風感冒，母親便用紫蘇全草，加生薑煎水給我喝，熱熱的紫蘇湯喝下，汗出燒退、止咳除痰。

節氣食帖

紫蘇熟水方

做法 以紫蘇葉和陳皮按3：1的比例調配，切上2、3片薑，入水同煮。待水沸後，可根據口味放入冰糖，即可飲用。

在紫蘇熟水的獨特的香味之中，有陳皮的清香和一絲若有若無的薑的辛香，冰糖化了苦，別有一番澀中帶甜的滋味。

豆蔻熟水方

做法 將白豆蔻殼洗淨，投入滾水之中，然後在上面加個蓋密封片刻，倒出來就可以喝了。豆蔻不需要放太多，每次7、8粒就夠了，放得過少，香氣不夠，放得過多，香氣會變得濃濁，少了些許清新。

李清照〈攤破浣溪沙〉中寫：「病起蕭蕭兩鬢華。臥看殘月上窗紗。豆蔻連梢煎熟水，莫分茶。」李清照為防暑濕脾虛，想到把白豆蔻做成熟水來喝，以達到祛濕的目的。

《本草拾遺》記載，白豆蔻性味辛溫，有化濕行氣、暖胃消滯的作用。大暑時節暑濕重，喝點豆蔻熟水是難得的度夏飲品。

蓮荷五行大暑茶

大暑已至，四氣之時，濕熱在內。蓮荷五行大暑茶，用的是與大暑五行最合的蓮荷一家子。

古書載：「七月七日採蓮花七分，八月八日採根八分，九月九日採實九分，陰乾搗篩」，可服食駐顏。

可見蓮荷一家子蓮子、蓮藕、荷葉，功用多多啊。一年中大暑時節，最需要吃蓮荷茶，升清降濁。

荷葉，色青氣香，可升清降濁；蓮心，可清心安神、助心腎相交；蓮藕，可補中養神益氣；蓮子，補益心氣，健脾固腎，利十二經脈血氣；西洋參，可補氣、凝神、養陰；山藥，可益腎氣、健脾胃。

食材

帶心蓮子……………………20 克
山藥……………………………1 段
山藥乾………………………15 克
乾荷葉…………………………5 克
（如果有鮮荷葉，選兩個手掌大 1 片）
蓮藕……………………………1 段
西洋參…………………………6 克

做法

所有食材洗淨放到養生壺中，加水煮 35 分鐘左右，蓮子熟了即可。用砂鍋煮也可以。

【秋收】

霜降

寒露

秋分

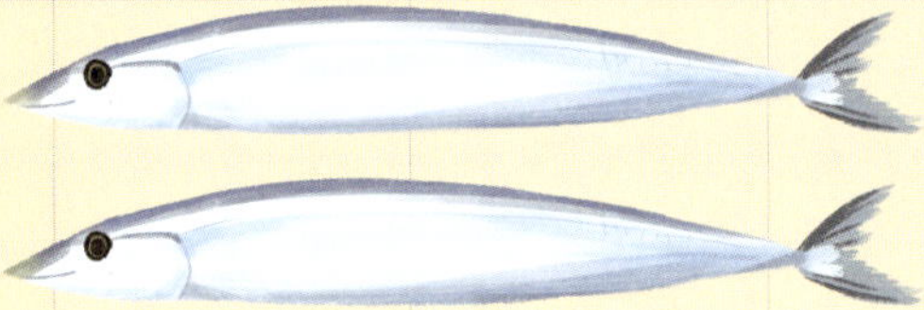

白露

處暑

立秋

立秋

立秋，七月節。立字解見春。秋，揫也，物於此而揫斂也。涼風至。西方淒清之風曰涼風，溫變而涼氣始肅也。

——《月令七十二候集解》

涼風至

初候 8月7～11日

逛菜市場，是好好生活的第一步。忽然發現，近日市場上的芋頭大受歡迎，為什麼？原來今日立秋。

三伏天還沒過完，立秋已經來了。在夏天還留有餘韻的時節，菜市場迎來了新的收穫。

菜市場的攤主告訴我，今天立秋要吃芋頭飯和芋頭糖水，所以芋頭上午幾小時就差不多賣光了，比平時賣得快。

薄暮時分，廚房的窗下，風裡帶著雨意和濕氣，從窗外吹進來，依然是大暑天氣應有的燥熱。把綠花椰菜一朵一朵地掰開，碧綠的「小花」細細碎碎地落下來。

買回來的芋頭要怎麼吃好呢？還有順便拎回來的玉米、菱角、鮮花生、毛豆角、小馬鈴薯，我愛一切清水就能煮出甘鮮滋味的果實。

想起很多農家樂菜館裡，有一道名為「大豐收」的大盤菜，裡面也有玉米、花生、芋頭、菱角之類的食物，最原始的美味還是帶皮一鍋清蒸吧。

但凡是清水就能煮出鮮美滋味的食物，大多是澱粉含量高的，吃了有飽腹的感覺，芋頭尤其是，剝開芋頭毛茸茸的外皮，玉色的果肉上透著微紅淡紫，咬一口，清香甘糯。還是覺得原味的最好！

貼秋膘

人在江湖飄，哪能不貼膘。

貼秋膘，不只是一碗肉那麼簡單。

立秋之日，在過去的老北京，有小孩和姑娘頭上戴楸葉的習俗。如今，立秋戴楸葉的習俗已經漸漸消失了，但是吃的習俗卻是如此的強大，得以倖存。

「貼秋膘」是立秋漸漸不可少的習俗，核心意思就是多吃肉，把苦夏掉的膘補回來。

剛立秋，仍然在三伏天裡，悶熱潮濕。在酷熱的夏天，經歷了各種燒烤、啤酒、冷飲的歷練，嘴巴很快活，而脾胃功能卻減弱了。此時如果大量進食補品，特別是過於滋膩的養陰之品，會驟然加重脾胃負擔，從而導致消化功能紊亂。

所以，初秋不要急著大補，可先補食調理脾胃的食物，給脾胃一個調整適應的過程。

翻開《紅樓夢》，精美的紅樓飲食，暗含多少祛病良方，隱藏哪些養生訣竅？在《紅樓夢》第六十三回中，描寫了一個尤二姐飯後咀嚼砂仁，賈蓉進門後與她搶著吃的片段。民間把砂仁當作調胃、養胃、助消化的保健食物，用來煲湯、燉肉、煮粥，甚至當作零食。

古人曰其：「為醒脾調胃要藥。」砂仁常與厚朴、枳實、陳皮等配合，治療胸脘脹滿、腹脹食少等病症。若脾虛氣滯，多配黨參、白朮、茯苓等藥，如香砂六君子湯。

推薦一道砂仁蒸牛肉，這道菜清淡爽口，有砂仁的芬芳氣味。砂仁口味甚佳，並不像其他補藥，有一種中藥的味道。這道菜吸取了砂仁對人體化濕醒脾、行氣溫中之效，食用能夠行氣調味，和胃醒脾。

陳皮砂仁牛肉湯

陳皮砂仁牛肉湯，砂仁具有化濕開胃、溫脾止瀉、理氣安胎的功效，食療上用於濕濁中阻、脘痞不飢、脾胃虛寒等；陳皮具有理氣健脾、燥濕化痰等功效，食療上多用於脘腹脹滿、食少吐瀉、咳嗽痰多等；這兩味加上牛肉一起燉，食用能起到理氣、化濕、開胃健脾。

食材

陳皮……10 克
砂仁……6 克
牛肋條……300 克

調味料

薑……3 片
鹽……2 克
清水……適量

做法

1 將陳皮洗乾淨，砂仁洗乾淨後搗碎，薑切片。
2 牛肋條洗淨切塊。
3 牛肋條塊放入砂鍋中，加適量清水，煮滾後撇除浮沫。
4 放入陳皮、砂仁、薑片，小火燉 1 小時左右，加入鹽後燉 15 分鐘即可出鍋。

白露降

次候 8月12～16日

黃昏下了一場雨，推開窗子，便是滿屋的風聲雨味。一場秋雨一場寒。

雨天在家看書，真是一件恰似紅袖添香的美事，足以浪漫得迷失了自己。

讀三毛的書，捧一杯檸檬紅茶。三毛一個癸水命的女子，好似流水一瀉千里。荷西死後，再提他，三毛依然是綿長憂傷，眼淚靜靜地流下，只是眼淚成了她的身外之物，痛，才是比真切更深沉的情感。

孤獨地讀，才可讀到心底。當秋之時，飲食之味，宜減辛增酸以養肝氣。酸可以收斂過旺的肺氣，少辛可減少肺氣的耗散。

一縷淡淡的紅茶香味雜糅著微酸的檸檬香，香濃的氣息在空氣裡流淌，若有若無地掃過鼻端，挑逗著味蕾，從唇齒漫到喉嚨，輕輕地咽下去，你的壞心情就不知哪去了。

秋季要少食韭、蒜、椒等辛味之品，而要增加口味酸澀的應季果蔬，如柿、檸檬、柑橘、山楂、葡萄、胡蘿蔔、銀耳等，以收斂肺氣防秋燥。同時適當進食性微溫之食品，而像西瓜這類大寒的瓜果，則要少吃或不吃了。

美好的事物是永遠的喜悅，多像檸檬紅茶，幾沖幾泡，在茶杯裡緩緩舒展，那是千千萬萬中絕不可錯過的一場花季，因為檸檬的靈魂完全深入其中，才會有如此完美的滋味。

| 立秋湯 |

古俗有時真的很生猛啊！

立秋，萬物收斂陽氣，天地間陰陽已經悄悄轉換了地位。陰陽之氣由夏長轉為秋收，由浮轉為降，人體氣血亦同，要開始為來年春夏的生長蓄積能量了。

相傳，「咬秋」習俗最早始於宋朝，那時咬秋「咬」的是赤小豆。《遵生八箋．四時調攝箋．秋卷》裡記：「立秋日，取赤小豆，男女各吞七粒，令人終歲無病。」

在古人的眼裡，赤小豆可不是一般的食物能夠匹敵的，一直是被神話了的豆豆。

李時珍在《本草綱目》中如此記載赤小豆：「三青二黃時即收之，可煮可炒，可作粥、飯、餛飩餡並良也。」赤小豆味甘性平，可入藥，有消熱毒、散惡血、健脾胃的功效，十分適合在燥熱的秋季食用。

所以我們的立秋湯，要沾一沾赤小豆的「神氣」。

節氣食帖

老黃瓜赤小豆扁豆湯

湯味清甜不寡淡，香甜可口，非常適合這個季節食用。

食材 老黃瓜 1 根，赤小豆 20 克，扁豆 20 克，胡蘿蔔 1 根，玉米 1 根，蜜棗 4 粒，鹽適量。

做法 先將赤小豆、扁豆泡水清洗，再將老黃瓜、胡蘿蔔、玉米洗淨後切塊。冷水放入赤小豆、扁豆，大火煲滾水後加入全部食材，轉慢火煲 1.5 小時，加適量鹽調味完成。

冬瓜鯉魚赤小豆湯

冬瓜鯉魚赤小豆湯，味甘、性平，具有滋補健胃、利水消腫、清熱解毒的功效。十分適合全家人在燥熱的秋季食用。

食材

冬瓜……640 克
赤小豆……120 克
鯉魚……640 克
陳皮……5 克

調味料

鹽……5 克
薑……5 克
清水……適量

做法

1 冬瓜切厚片。
2 赤小豆洗淨，用水泡透泡軟；薑切片。
3 鯉魚宰洗乾淨，去掉腥線（體側線）後切塊。
4 將冬瓜、赤小豆、陳皮、鯉魚塊、薑全部放入砂鍋中，加適量水。
5 煲至水滾，用小火煲 1 小時，以鹽調味即可。

寒蟬鳴

末候 8月17～22日

夏去秋來，匆匆忙忙幾場雨落下，一層層涼意驅趕暑熱，悄然間，日曆翻到了農曆七月初七，便是七夕節，又名乞巧節、雙七、香日、蘭夜、女兒節。

而今，七夕節因「情人」的加持而廣為流行，不過，就傳統民俗來說，七夕跟「情人節」卻毫不搭界，大家可能都被忽悠了。

明代羅頎《物源》中也寫道：「楚懷王初置七夕。」最初的七夕，雖然會有一些民俗活動，但主要是祭祀織女星、牽牛星而已。

七月，被稱為「蘭月」，澤蘭七月開白花，有一種溫馨的清香。七月初七，兩個「七」重合，七夕，「七」與「妻」同音，「七」與「吉」也諧音，又「妻」又「吉」。

七是生命之數，人有七竅，人死後四十九天才能超度。七也是女人生理之數，《黃帝內經．素問》說，「女子七歲，腎氣盛，齒更髮長；二七而天癸至（始有月經）；七七，天癸竭，形壞而無子也。」

由此，七夕實為女子乞求生育的節日。這一夜不僅牛郎織女要鵲橋相會，西王母還要派七仙女下凡，其目的都是為了傳宗接代。

七夕節吃什麼？當然是巧果。巧果的主要材料是油、麵、蜜糖，又叫乞巧果子，花樣極多。《東京夢華錄》中稱之為「笑靨兒」、「果食花樣」。

七夕之夜拜織女，在月光下設香案，焚香，擺水果，女子都來案前焚香禮拜，少女祈求長得漂亮，郎君如意；少婦祈求早生貴子，家庭美滿。

《攸縣誌》如是記載：「七月七日，婦女採柏葉、桃枝，煎湯沐髮。」人們認為這天取泉水、河水沐浴洗髮，就相當於取銀河之水沐浴，效果神奇。

肺腑秋旺

立秋進補莫跑偏，養陰去秋燥，按需進補。

中醫自古有燥令傷肺之說，燥是秋季的主氣，乾燥的秋天每天透過皮膚蒸發的水分在600毫升以上，易傷及人的肺臟，耗傷人的肺陰，這個時節人體極易受燥邪侵襲而傷肺。

陰虛內熱的人伴有五心煩熱、傍晚臉紅等狀，可用桑葚乾、枸杞子泡水喝。桑葚性寒，味甘，有滋陰補血之功，最能補肝腎之陰。適宜於平素體陰虛易生燥火之人食用。

氣虛體質的人，平時會有秋燥的症狀之外，而且還會有氣弱、脈弱的現象。中醫認為，鱖魚具有補五臟、益脾胃、療虛損等功效，鱖魚滋補湯是此類人群的最佳選擇。

寒濕體質的人會胃寒、舌苔白、怕寒、怕冷，調養要從調理脾胃開始，給予溫暖，除濕，讓陽氣逐步上升，達到陰陽平衡，因此這類人初秋進補，宜清補而不宜過於滋膩，可多喝銀耳百合小米粥、山藥粥、扁豆粥，以及吃白色潤肺的食物，如豆漿、牛奶、銀耳、百合、甜杏仁、白梨等，但寒涼體質的人在吃百合、白梨時要煮熟，才能潤而不寒。

燥熱體質的人肺胃燥熱，鼻子乾、嗓子乾、大便乾，宜多吃蓮藕、荸薺、梨等潤肺、養陰、清燥食物。

秋季養肺最簡單方法：來杯熱水。倒上 1 杯熱氣騰騰的水，直接對著吸入水蒸氣，每次 10 分鐘左右，早晚各 1 次，可以滋潤肺臟。

清燥潤肺茶方

麥冬竹葉茶

食材 麥冬 15 克、百合 15 克、竹葉 20 克。

做法 將食材放入鍋中，用 1000 毫升水煎煮。煮至約剩一半水，瀝出湯汁後，於早晚各飲用 1 次。

冬花枇杷茶

食材 款冬花 12 克，枇杷葉 15 克，蜂蜜適量。

做法 食材放入鍋中，頭煎清水 3 碗煎至 1 碗；二煎清水 2 碗煎至半碗。

鮮藤椒肥牛

花椒、麻椒、藤椒，誰才是「傲椒」的扛把子？

先說一下花椒的種類。總體上花椒可分為紅花椒和青花椒兩大類，而藤椒和麻椒都屬於青花椒，藤椒是青花椒中佼佼者，其鮮果具有清香濃郁、麻味綿長的獨特風味，麻椒則是指品質較為一般的青花椒。

儘管行至秋令，天氣卻仍然燥熱不已。此時寒氣漸近，這個時節裡花椒成熟，最具代表性的花椒便是清香的藤椒。藤椒性溫、味辛，是散寒除濕的好幫手。

食材

肥牛片	300 克
金針菇	150 克
杭椒	1 個
小米椒	2 個
泡椒	30 克

調味料

鮮藤椒	30 克
豆瓣醬	15 克
醬油	10 克
鹽	2 克
蒜末	30 克
食用油	適量
清水或高湯	適量

做法

1. 金針菇去根洗淨，小米椒、杭椒切段。
2. 鍋中加水，放入金針菇燙熟。
3. 金針菇撈至大碗中。
4. 另起一鍋並放油，下 10 克鮮藤椒炸香，放入豆瓣醬炒出紅油。
5. 下杭椒、小米椒、泡椒。
6. 接著倒入適量高湯或清水，加入醬油、鹽。
7. 煮滾後，放入肥牛片燙熟。
8. 將肥牛片倒入大碗中，放上蒜末、鮮藤椒 20 克。
9. 燒一大勺熱油澆在鮮藤椒和蒜末上，激出香味。

廚房小語

1. 肥牛片燙好就需出鍋，避免口感太老。
2. 豆瓣醬有鹹味，醬油、鹽酌量加入。

處暑

處暑，七月中。處，止也，暑氣至此而止矣。
——《月令七十二候集解》

鷹乃祭鳥

初候 8月23～27日

今日處暑，夏天的背影，遠去，不送。

處暑，是出伏的日子，暑熱將止，秋景初微。在二十四節氣中，處暑是容易被人遺忘的節氣之一。它是一個微妙過渡的節氣，人雖然後知後覺，但周遭的植物已洞悉了這一切。

剛剛涼快了幾天，這兩日又燥熱起來，悄悄地在提醒你：秋老虎回頭了。

正所謂「大暑小暑不是暑，立秋處暑正當暑」，在暑熱即將結束之時，秋老虎仍會在節令後期來個反殺，「處暑降溫」這句話在大多數南方人眼裡簡直是個笑話。

這個時節北方的瓜果豐盛，正如郁達夫所言，蘋果、梨、柿、棗、葡萄，都是華北地區人們迎接秋日的標準配備。除此之外，老舍還補充了兩樣：北京特產的小白梨與大白海棠，稱其是「樂園中的禁果」。

買了一只漂亮的藤編果籃放在房間裡，喜愛果香瀰漫的味道，也方便懶人隨手取食。

這幾日吃了很多梨，還有葡萄和柳橙。梨要買那種大個的淡黃色新疆貢梨，甜潤多汁，入口沒有渣。碭山梨太粗，水晶梨總是有點酸，雪花梨甜脆多汁，傳統的「秋梨膏」即是用它製成，庫爾勒香梨雖甜，但個兒小，吃起來不過癮。

柳橙是褚橙好吃，香吉士橙貴且口感酸，一向不喜。新上市的贛南臍橙是飽滿鮮豔的橘紅色，要挑裂臍的，那種是長熟了的，橘紅色的也比橘黃色的甜。

剝下的柳橙皮最好不要馬上扔掉，放在房間裡，你的房間裡會瀰漫香甜清冽的味道，若是在深秋或是初冬的時候，這種味道真的會讓人感到很溫暖。

護脾陽

一杯敬秋涼，一杯敬暑熱。處暑黃金粥，送暑。

處暑，處，止也，暑氣至此而止矣，意味著秋天的開始，但從氣溫上看還沒真正進入秋天，桑拿天、雷雨天氣依然還在，天氣悶熱，濕熱並重，暑、寒、濕、燥，各居其位，不分主次，無法捉摸，沒有定數。

處暑屬於長夏，中醫認為「脾病起於長夏」，長夏之際濕邪最盛，濕為陰邪，易傷陽氣，尤其是脾陽。

主管身體從夏到秋這一轉變的，是中土之官「脾」。脾居中焦，能升降氣機，不斷將水穀精微輸送至臟腑經絡，就像土地能生化萬物、長養萬物一樣。所以，在這錯亂的季節轉換時刻，要想不為秋季的燥氣所刑，可多吃茯苓、芡實、山藥、豇豆、小米、猴頭菇等健脾和胃的食物。以淡補為主，忌食生冷，照顧好脾的功能。

用南瓜、小米、百合、綠豆、馬蹄煮粥。這個粥裡用了小米、南瓜，黃色食物的「土氣」最旺，可以養脾健胃。小米非常建議病人、產婦食用，就是因為它最補虛；南瓜則有排毒護胃的功效，補中益氣。百合補金氣、潤肺氣，定魂魄，是金秋要常備的重點食材，特別是秋天容易情緒低落，「悲秋」的人，可以透過固金氣，讓精神內守。

北方暑氣小，燥氣漸起，生活在北方的人小米、百合、馬蹄稍多些，綠豆少些；南方濕熱依然重，生活在南方的人綠豆稍多些，其他少些。

花膠水鴨盅

處暑，也要加油鴨（呀）。

處暑時節，氣候依然燥熱，老北京人至今還保留處暑當天吃鴨的傳統，鴨肉味甘性涼，具有滋陰養胃、利水腫的作用，所以吃鴨子解燥熱最好了。

誘人的鴨湯，要來一盅嗎？

食材

水鴨..........................300 克
花膠............................50 克
泡發香菇......................3 個

調味料

黃酒............................30 克
薑片.......... 適量（調味用）
生薑..........3 片（去腥用）
蔥..................................1 段
鹽................................ 適量
清水............................ 適量

做法

1 花膠前日先浸泡 12 小時備用。
2 鍋中加清水，放入適量生薑、黃酒煮滾後，再將泡軟的花膠剪成段，放進沸水裡，煮約 5 分鐘除去腥味。
3 鴨肉斬塊，冷水下鍋，汆燙。
4 汆燙過的鴨肉放入燉盅內，再放入花膠。
5 再放入泡發香菇、蔥段、薑片，倒入適量清水。
6 燉盅加蓋，放入蒸鍋中，小火隔水燉 3 小時，起鍋前以鹽調味。

廚房小語

好的花膠腥味小。若是花膠腥味重，可放入沸水裡多煮幾分鐘，但是不宜久煮，以免丟失膠原蛋白。

天地始肅

次候 8月28日～9月2日

中元節，俗稱鬼節，佛教稱盂蘭盆節。

農曆七月，過去人們稱它為鬼月，謂此月鬼門常開不閉，眾鬼可以出遊人間。

傳說這一天地宮打開地獄之門，已故祖先可回家團圓，按舊俗，中元節這天店鋪要早早關門，把街道讓給亡靈回家。

至於兩大鬼節：清明、中元，按照民間習俗也是不同的。

農曆 3 月清明，陰氣斂藏沉寂，鬼紛紛入居陰宅歇息。宜在墓地祭祖，宜「收鬼」，整修墳墓，給祖先供奉祭品，祈禱先祖在陰間與左鄰右舍和睦相處。

農曆 7 月中元，陰氣萌生，這一天地府會放出全部鬼魂。宜在家裡中堂祭祖，院子或屋前燒紙，宜放河燈、路邊點火。道教這一天有施食傳統，讓路邊孤魂野鬼得食、吃飽。

我與母親一陰一陽相隔已十幾年，已聽不到母親喚女兒的聲音，也望不到母親近家的身影。

很想再像小時候那樣讓母親幫自己梳髮辮，很想躺在母親的身邊睡一會兒，很想和母親一起聊聊天，那是一種漫無目的、想起什麼問什麼的聊天，很想吃母親醃的鹹菜，那種鹹菜，不放香油和醋，是一種家的味道。

看過何慶良的那本《孝心不能等待》，其時幾次落淚已記不清楚，深深體味到子欲孝而親不待的那份痛。

斂陽退暑濕

秋天來了，這天地之間的秋金之氣，你得著了，擺脫濕熱困身，就有希望了。

「濕」不見得都要祛，為什麼？對於「濕」和「氣」，名醫彭子益有獨到見解：「火」在「土」上，即可生「濕」，「火」歸「土」下，則可化「氣」。

夏天相對潮濕，秋天自然變乾燥，時至秋天，「火」（陽氣）回歸「土」下，自然就不濕了！因此，順應立秋節氣天地氣機的變化，做好斂陽的工作，可使暑濕自解，事半功倍。

那麼就用酸甘養陰之法來幫助斂陽，經典食方如烏梅三豆杏仁湯，此方以扁鵲的三豆飲方為基礎，加入了烏梅、杏仁，能建中氣、收相火、斂浮陽，因此，中氣不足而相火外浮或陽氣不收時喝最為合適。

烏梅味酸，白族諺語說：「吃杏遭病，吃梅接命。」烏梅有獨特的功效「引氣歸原」，能收斂外散的相火，大補肝木之氣，生津液，能把人體內亂竄的氣收回原位，理氣而不傷氣。烏梅的酸和冰糖的甘味合在一起，除逆。黃豆和黑豆養肝木，補中氣，降肝膽經相火；綠豆清肺熱。

節氣食帖

烏梅三豆杏仁湯

食方 烏梅15克，黑豆20克，綠豆20克，黃豆20克，杏仁10克（打碎），冰糖30克，水煎服。

烏梅白糖湯

食方 烏梅30克，白糖30克，水煎，於睡前服用，可斂木安中，最合其時養生。

檸檬紅糖茶

食方 檸檬3～5片，紅糖10克，開水沖泡，代茶飲。微苦、微酸、微甜，養陰清熱，而且藥性溫和，有養脾和胃的作用。

這幾個方子，用的都是食物，煮出來的湯水酸酸甜甜，無任何副作用，老少皆宜。

烏梅糯米藕

「糯」字很玄妙，糯的東西，大多都是甜的，往往又是不一般的濃烈的甜。

烏梅糯米藕，糯米、烏梅、藕都是營養豐富的食物，具有補中益氣、健脾養胃的功效。煮好的烏梅糯米藕，內裡潔白如霜，外表色澤紅潤，餡心清爽甜香，口感軟糯。

食材

蓮藕（以七孔藕爲佳）1段
糯米............................100克
烏梅 6個

調味料

紅糖.............................50克
蜂蜜.............................. 適量
清水.............................. 適量

做法

1 糯米洗乾淨，浸泡3小時備用。
2 蓮藕洗乾淨，去皮，將藕一端約5～10毫米處切開，見藕孔，切下的藕頭備用。
3 糯米灌入藕孔中，灌一些就用筷子壓實藕身，讓糯米加實，直到米灌滿藕身。
4 將切下的藕頭按原來的位置蓋回，用牙籤固定。牙籤可多可少，以能確實固定爲準。
5 高壓鍋內放入藕、倒入水，水面要沒過藕身（藕少橫放；藕多豎放，牙籤封口處朝上，水一定要沒過藕身），然後放入紅糖。
6 放入烏梅。
7 加蓋煮熟。
8 將煮藕的水，倒入另外鍋內，放入藕，煮至糖汁濃稠爲佳。藕涼後切片，淋少許蜂蜜即可。

禾乃登

末候　9月3～7日

「九月韭，佛開口」，說的是秋天的韭菜好吃，就算佛也會想吃的，而佛是不能吃韭菜的（因為它是佛門弟子禁食的「五辛」之一），這句俗語從反面說明了韭菜好吃。

婆婆家門前有一塊空地，種了一畦韭菜，忽然就覺得門前的韭菜綠得盎然有味兒，用鐮刀輕割一把，那令人饞涎的味兒便在空氣中氾濫。

忍不住捧起一把清綠，擇洗乾淨，用刀輕輕地切碎。瞬間，廚房裡便沁滿了韭菜的味道。

與春季韭菜相比，秋天的韭菜可食用的部分更多，韭菜花、韭菜葉、韭菜薹都可以吃。

說到韭菜花，想起楊凝式的〈韭花帖〉。他的〈韭花帖〉也是有香氣的，渾然天成的香氣。楊凝式的朋友們送他一罐韭菜花，新醃的，鮮脆得很。楊凝式酒意稍去，看看韭花，寫下一則手扎，〈韭花帖〉便誕生了，字裡行間綠意充盈，香氣四溢。

每年的這個時候，是韭菜花盛開的季節，我都會自己在家醃上一些。韭菜花剁碎，加上鹽、蘋果、薑，放到密封的瓶子裡，慢慢發酵，等到了冬天，韭菜花醬得翠綠，味道鮮鹹。

冬天吃火鍋離不了韭菜花醬，著名的北京東來順涮肉，就是以「羊肉薄、糖蒜脆、韭花綠、清湯鮮」

而聞名。

處暑四寶

秋季來，萬物凋落，植物紛紛將精華之氣注入果實、種子和根。它們是植物斂藏起的精華，是最富活力、養分的部分。

有幾種食物是秋天不可不吃的。

◆ 蓮藕

首先是蓮藕。說起蓮藕，我一下子想起了蔣坦的《秋燈瑣憶》，除了「秋芙（蔣坦之妻）常溫於銚（小型炊具）內的蓮子湯」，還有文中那一段：「固叩白雲庵門。庵尼故相識也，坐次，採池中新蓮，制羹以進。香色清洌，足沁腸睹，其視世味腥膻，何止薰蕕之別。」

蓮藕是荷花的根，李時珍在《本草綱目》中稱藕為「靈根」。事實上蓮藕也的確很有靈氣。秋天感到燥熱，喝一碗生榨藕汁就好了。蓮藕的補是清補，不上火，特別適合容易疲憊、虛不納補的人。蓮藕吃起來毫無禁忌的，該清的清，該補的補。

◆ 秋梨

沒有什麼燥熱是一個梨子不能解決的。秋梨是天生甘露，濡養肺胃之陰，則津液之源不斷，又兼顧滋養了肝腎之陰，生吃清六腑之熱，熟吃滋五臟之陰。

◆ 芡實

也叫雞頭米，之所以叫雞頭米，是因為其果實長相如雞頭。芡實為水生植物，被稱為是低調奢華的水中人參，《紅樓夢》裡說的「雞頭」就是它。它在處暑時節大量上市。雞頭米性味甘平，和蓮子有些相似，但芡實的收斂鎮靜作用比蓮子強，有補脾胃和澀精、止帶、止瀉的作用。

◆ 太子參

光是聽名字就覺得它肯定不簡單。它是《中國藥典》收錄的草藥，現已被列入「可用於保健食品的中藥材名單」。太子參味甘而性平，既益氣健脾，又可養陰生津潤肺，且藥力平和，是一些小兒患者及氣陰不足的成人輕症患者較為常用的藥物。

百里香烤紫胡蘿蔔

紫色胡蘿蔔是變異的嗎？不不不，紫色蘿蔔才是胡蘿蔔的老祖宗。

世界上第一根胡蘿蔔實際上就是黑紫色的，一直到 16 世紀末，胡蘿蔔都還是紫色的。這時荷蘭人出場了，對變異的胡蘿蔔植株進行栽培，慢慢將紫色胡蘿蔔變成了橙色胡蘿蔔，並很快就讓橙色胡蘿蔔風靡全球。

我們眼中理所當然的橙色胡蘿蔔，在當時和如今的紫色胡蘿蔔一樣稀罕。

黑紫色的胡蘿蔔含有豐富的青花素，它是一種強力抗氧化劑，能夠清除人體內的自由基，而且紫色胡蘿蔔的口感也是十分的好，又脆又甜，吃完紫胡蘿蔔，別忘了展示一下你變紫的舌頭喲。

食材

迷你紫胡蘿蔔……………6 根
迷你胡蘿蔔………………3 根

調味料

百里香………………………適量
鹽………………………………3 克
橄欖油……………………10 克

做法

1 將 2 種迷你胡蘿蔔刷洗乾淨表面，由於它本身很小，就別去皮了，刷洗乾淨就好。

2 胡蘿蔔放入大碗中，撒上鹽和百里香，再倒入橄欖油，拌勻，醃製 10 分鐘。

3 烤箱 200°C 預熱，把拌好的胡蘿蔔平鋪在墊鋁箔紙的烤盤上，放入預熱好的烤箱，上下火，中層，200°C 烤 25 分鐘左右。

廚房小語

1. 時間根據自家烤箱情況調整，注意觀察，胡蘿蔔軟了，表面有些乾了就好了。
2. 也可以用普通胡蘿蔔來做，但是味道就不如迷你胡蘿蔔甘甜。

白露

白露，八月節。秋屬金，金色白，陰氣漸重，露凝而白也。

——《月令七十二候集解》

鴻雁來

初候 9月8～12日

性感，差不多就可以了。

忽而九月，是夏日的終結，「蒹葭蒼蒼，白露為霜」。此時草木上的露水日益增多，凝結成一層白白的水滴，這就是「白露」這個名字的由來。

在北方，白露秋風夜，一夜涼一夜。在南方，坐在院子裡乘涼便不再需要蒲扇，一把躺椅，就是一晚的愜意。

白露之後，梧桐葉落，荷殘蓮生，天氣逐漸轉冷，中醫有「白露身不露，寒露腳不露」的說法。

可是，這個時節走在街上，還可以看到穿短衣、短褲、短裙的人。到了白露節氣，天地之間越來越凌厲的寒氣，會透過皮膚直接進入身體，此時不能赤膊露體了，會著涼受寒。如今宮寒、腎寒、風濕、不孕的年輕女孩子為什麼那麼多？和不該露的時候瞎露大有關係。

白露時節，如果穿太多，就會讓毛孔開泄，不利於收斂。所以，此時陰氣上升陽氣下降，衣物可以單薄些，薄而不露，適當「秋凍」，這裡說的秋凍並不是讓你去受凍，而是指不要穿太多衣服導致大汗淋漓，以符合秋天的收斂之氣。

但「秋凍」也要因人而異，抵抗力較弱的人群，比如老人和孩子，還有氣虛陽虛體質者，有慢性疾病的人，都不太適合「秋凍」。還要注意腰腹部、膝關節保暖，不要露出後背和肚臍。

老北京的習俗，白露一到，就要撤掉涼席，把櫃子裡的衣服被褥拿出來晾晒，去掉夏天累積的潮氣。

白露白茫茫，無被不上床。夜晚要關上窗戶，換上長袖睡衣入睡，備一條薄棉被在床頭也十分必要。

宜潤補

今天白露，喝個潤而不滯的白露湯吧。

秋風吹走了高溫，也吹乾了空氣中的水分，中醫稱之為「秋燥」，加之，夏季的暑、熱、濕邪耗氣傷陰，此時進補宜潤補，而不宜過於滋膩。潤補是指補而不膩。

日常怎麼補？喝茶時可加蘋果、柳橙、梨等水果補潤。飲水時可以加點烏梅、檸檬片，增加酸甜的味道，解除燥氣。

在南方一些地區，有個傳統習俗是：白露必吃龍眼。民間的意思是，在白露這一天吃龍眼有大補身體的奇效，因為龍眼本身就有益氣補脾、養血安神等多種功效。

還有人們在白露日採集「十樣白」，白茯苓、白百合、白扁豆、白山藥、白芍、白蓮、白芨、白茅根、白朮、白晒參，就是十種名稱帶「白」字的草藥，以煨烏骨白毛雞，認為食後可滋補身體。

從白露開始，秋意漸濃。肺屬金，通氣於秋，陽熱逐漸收降到地下，地表開始出現露水，若此時熱降不足，會出現秋虛肺燥的。喝些滋潤的小湯水，潤而不滯，就像甘露潤物無聲。

節氣食帖

白露湯

食材 雪梨1個，雪耳10克，南北杏30克，百合30克，淮山18克，蜜棗5枚，瘦肉200克，鹽適量。

做法 雪耳、百合、淮山浸泡1小時。雪耳去蒂；雪梨去皮、去核，切成大塊；瘦肉切片；所有食材一起放入鍋中，加入適量清水，大火煮滾，小火煲2小時左右，加入鹽即可。

素食者，可以去掉瘦肉，加一小片陳皮。陳皮要先泡一會兒，然後去掉裡面那層橘絡，不然口感容易發苦。這個小甜品既潤肺又清肺熱，陳皮性溫，不但芳香解鬱，還可以平衡梨的寒涼。

香烤秋刀魚

秋刀魚是日本料理中最具代表性的秋季食材之一，最常見的烹製方式是將整條魚鹽烤，搭配白飯、味噌湯、蘿蔔泥一同食用。

日本人認為，將醬油的鹹鮮味和檸檬的酸味與魚本身的苦味相結合，才能體現出秋刀魚的最佳風味。

食材

秋刀魚……2 條
檸檬……1 個

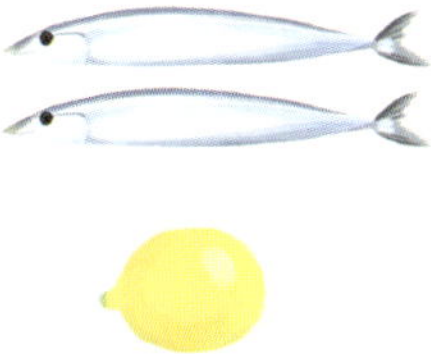

調味料

鹽……2 克
黑胡椒粒……適量
料酒……10 克
蠔油……10 克
鮮貝露……10 克
醬油……10 克
食用油……適量

做法

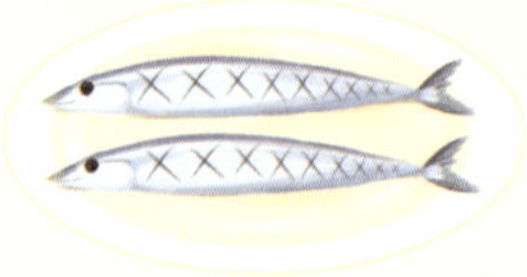

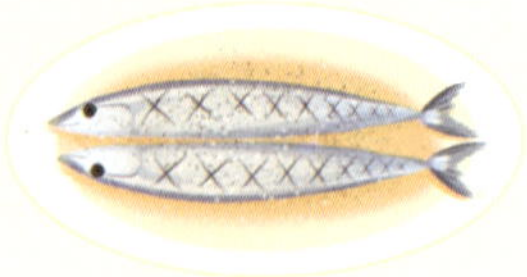

❶ 秋刀魚洗淨，尤其是肚子裡的黑膜，一定要撕乾淨，兩面切十字刀花。

❷ 鹽抹在秋刀魚上，切半個檸檬擠汁加入。撒上少許黑胡椒粒，加入料酒醃 30 分鐘左右。

❸ 另用餘下半個檸檬擠成汁，和蠔油、鮮貝露、醬油攪勻即成醬汁。

❹ 烤盤墊鋁箔紙，並在紙上塗抹一層油，將醃製好的秋刀魚排放在烤盤上，魚身兩面皆需刷醬汁。

❺ 烤箱預熱 220°C，預熱好後放入秋刀魚，上下火，中層，烘烤 20 分鐘左右至表面金黃，中間翻一次面，出爐後再滴上檸檬汁。烤製時間可依據自家烤箱而定。

廚房小語

檸檬盡量不要省略，可以有效地去除秋刀魚的腥氣。

元鳥歸

次候 9月13～17日

白露打核桃，霜降摘柿子。

第一次見鮮核桃，感覺很神奇。我以前從來沒有吃過鮮核桃，青綠色的皮，用一把彎刀幾下撥開，才露出常見的核桃皮。

用核桃夾輕輕一夾，可以很完整地剝出來一整個兒的核桃仁，桃仁外面有一層或淺棕色或嫩黃色的薄膜，吃起來味道發苦發澀，要去掉才好吃。

剝好一碗雪白的核桃仁，不帶一點苦味，可以混合牛奶，做成核桃露，或者丟進食物調理機，再加一些紅棗、牛奶、枸杞，就可以做一杯滋補核桃奶昔。

替核桃配了毛豆仁和胡蘿蔔丁，倒入油鍋時的明亮響聲，壯烈而決絕。我愛聽蔬菜入油鍋的「吱吱」聲響。

熱鬧的廚房裡，用來調味的各式各樣調味料，堆滿了檯面，新鮮的蔬菜，清新的水果，砂鍋裡散發出蓮子羹甜甜的味道。

我一直迷醉於這些食物，它們溫暖、飽滿親切，混合成一個又一個溫馨而厚實的日子。

只加油鹽清炒的鮮核桃，出鍋後真是一盤令人驚豔的菜，驚豔的是鮮核桃的滋味，竟然有一種無法形容的清雋鮮香。食之，味清而淡遠，浸潤肺腑，令餐桌上的其他菜餚即刻黯然失味。實在是個「愛物兒」，更是有著一種情意綿綿的清新舒展，乃知「五臟六腑統統下跪」一言實在大妙。

｜下火去燥｜

秋天來了，恭喜你，即將迎來早起嗓子發乾，皮膚乾燥，乾咳無痰的秋燥日常。

同樣是秋燥，卻有溫燥和涼燥之分，療法各不同。以秋分為界，秋分之前有暑熱的餘氣，故多見於溫燥；秋分後，氣溫變化劇烈，寒涼漸重，多出現涼燥。

何為溫燥？如果你那兒的天氣秋陽似火，此時燥氣就很容易與熱邪勾結到一起，發為溫燥。所以會口乾而渴，咽乾或痛，鼻子烘熱，乾咳無痰，大便秘結，這就是燥與熱結合的溫燥證。

過於溫燥，吃喝點潤的東西就能緩解，梨生吃可清六腑之熱，熟食又可滋五臟之陰。李時珍說，梨能潤肺涼心，清痰降火，解瘡毒、酒毒。

茅根竹蔗馬蹄水，是廣東著名的涼茶。做法很簡單，就是茅根、竹蔗、馬蹄、胡蘿蔔一起煮水喝。它對緩解溫燥很管用，這兩天我家每天都要煮一煲當水喝。

何為涼燥？

涼燥跟風寒有些類似，當燥氣與寒氣結合入侵的時候，身體就會表現為涼燥。常有身體發冷，頭痛無汗，口不渴，鼻塞流清涕，不發熱或低熱。涼燥也容易咳嗽，但咳嗽有痰而少，舌淡苔白，且多見於深秋天氣轉涼之時。

防治涼燥可選柿子、石榴、廣柑、蘋果、白果、核桃、胡蘿蔔等。

解涼燥以祛寒滋潤為主，常用的祛寒滋潤中藥有茯苓、半夏、橘皮、苦桔梗、甘草等。

節氣食帖

杏仁紫蘇茶

較輕的涼燥可以喝。

食材 杏仁6克（打碎），紫蘇葉10克，紅糖適量。

做法 將所有食材加水一起煎煮15分鐘，取汁飲用。

粉蒸蘿蔔苗

每年這個季節，菜地裡的胡蘿蔔苗因為太密，都要拔掉一些，為的是讓其他胡蘿蔔苗更好地生長，剔出的胡蘿蔔苗是不會浪費的，我從小就吃母親蒸的胡蘿蔔苗，味道極好。

食材

新鮮胡蘿蔔苗..........400 克
麵粉..........................150 克

調味料

大蒜..............................4 瓣
鹽..................................2 克
醬油............................10 克
香油............................適量

做法

1 胡蘿蔔苗只要嫩葉子部分，洗淨。
2 胡蘿蔔苗切段。
3 加入麵粉拌勻。
4 放入蒸籠中。
5 鍋中加水，水開後蒸 15 分鐘左右。
6 大蒜加鹽搗成蒜泥，加入醬油、香油，胡蘿蔔苗出鍋後拌入，也可以作爲蘸醬。

廚房小語

蒸的時間可按當次蒸的食材量增減，時間太短會黏牙，時間太長顏色會發黃。

群鳥養羞

末候 9月18～22日

坐在書房的窗前，窗外吹過新涼的風，真是一種恩賜。

網購的書送來了，時常買不太貴的打折書瀟灑一把，尤其是網購時，多少帶點任性，不用現銀交易，不會覺得那麼肉疼。

好些年不到沒有打折的實體書店買書了，因為，憑什麼賣那麼貴？有時看了網路那些廣告介紹，衝動之下買了，翻看後真覺得無趣得很，但是想想好歹比書店便宜多了，便又覺得安慰。

參差的兩小疊書，來不及細看，只抱起來一本一本地檢視一下，便堆在書櫥的空隙裡，一下子感覺很富有。

隨手拿出不知看過多少遍的《秋燈瑣憶》，這本書最適合秋日午後，放到枕邊躲在床上慢慢翻看，垂著一面簾子的臥室有點昏暗，但卻使人愜意安心。

我一直覺得，這本書中所寫，是愛情最好的模樣，因為真實，所以更為感人。《秋燈瑣憶》是清朝的蔣坦據實而作，為了紀念和妻子生活的點滴而寫，多是夫妻二人在生活中處處充滿的雅趣，像是他們共同的回憶錄。

《秋燈瑣憶》，書名緊扣「秋」字，一是因為這本書是寫給其妻秋芙，二是因為書中所記之事大都發生在秋天。

秋芙在院子裡種了芭蕉，葉大成蔭。秋夜雨落芭蕉，蔣坦聽了心裡難過，就在芭蕉葉上題詩：「是誰多事種芭蕉？早也瀟瀟，晚也瀟瀟。」第二日秋芙見了，在芭蕉葉上回他：「是君心緒太無聊，種了芭蕉，又怨芭蕉。」好有趣的秋芙。

室內很安靜，窗外有細碎的鳥聲，有一小縷陽光有些不甘心地從窗簾的縫中鑽進來，彷彿聚光燈打在細小的黑色字體上，但，很快就黯淡下去。

| 秋製膏方 |

這個距今一千多年的老膏方，為什麼每年秋天都要喝一次？

以前很多北方人家，到秋天都會自己熬秋梨膏，相傳這個習俗始於唐朝，據說，唐武宗李炎患病，終日口乾舌燥，心熱氣促，御醫和滿朝文武束手無策，正在人們焦慮不安之時，一名道士用梨、蜂蜜及各種中草藥配伍熬製蜜膏，治好了皇帝的病，從此，此方成了宮廷祕方，直到清朝由御醫傳出宮廷，才在民間流傳。

當秋梨在枝頭吸足了陽光，成熟醇香時，就是熬秋梨膏的好時候了。

秋季氣候乾燥、肺燥陰虛，常食膏滋類補肺養陰方，可補益肺腎、養陰潤燥、生津止渴。近代名醫秦伯未在《膏方大全》中指出：「膏方者，蓋煎熬藥汁成脂液，而所以營養五臟六腑之枯燥虛弱者也，故俗稱膏滋藥。」

節氣食帖

秋梨膏方

食材 秋梨 6 個，鮮藕 500 克，麥冬 70 克，鮮薑 50 克，冰糖 50 克，蜂蜜適量。

做法 先將梨、麥冬、藕、薑打成汁，濾去渣滓，加熱熬膏，下冰糖溶化後，再以蜜收之，早晚服用。可清肺降火，止咳化痰，潤燥生津，除煩解渴。

川麥雪梨膏方

食材 川貝母、細百合、款冬花各 15 克，麥門冬 25 克，雪梨 1000 克，蔗糖 400 克。

做法 將雪梨榨汁備用，梨渣同其餘諸藥水煎 2 次，每次 2 小時，二液合併，加入梨汁，小火略收汁後放入蔗糖 400 克，煮沸即成。

每次 15 克，每日 2 次，溫開水沖飲或加入稀粥中服食。可清肺潤喉、生津利咽。

熬秋梨膏的梨子要自然成熟有香味的，不然熬出的膏滋味寡淡，不能養人。

需要注意的是，膏方為補品，偏滋膩，不能當作飲料喝，脾胃虛寒、手腳發涼、大便溏瀉的人不宜服用。

紅酒百合醉梨

一直以為，紅酒不是用來搭配食物的，而是用來搭配濃濃夜色下的心情。

獨自一人的夜晚，純粹自我的時刻，倒上一杯紅酒，慢慢地呷上一小口，幸福也罷，憂愁也罷，那都是人生的滋味。

紅酒百合醉梨，既有梨的甘甜，又有紅酒的微酸，被譽為有生命力的甜品，暖胃、補充維生素，並且還有美白、活血的功效。

不用擔心喝下這一大碗紅酒，會醉得不省人事，在煮的過程中，酒精會被蒸發掉，剩下的只是一點點微微的酒香。

食材

紅酒……500 克
梨……1 顆
百合……50 克

調味料

冰糖……30 克

做法

1 百合洗淨，掰成瓣；梨去皮，在表面劃十字，或切成片。
2 將紅葡萄酒倒入鍋中，將整顆梨或梨片放入紅酒中。
3 加入冰糖，大火煮滾後，轉小火煮 10 分鐘，中間翻面幾次，煮到顏色均勻。
4 再放入百合，煮至百合透明，也就煮 1 分鐘即可。

廚房小語

1. 梨也可以去核切片，更易入味。
2. 百合不宜久煮，變透明即可。

秋分

秋分，八月中。解見春分。雷始收聲。鮑氏曰：雷二月陽中發聲，八月陰中收聲入地，則萬物隨入也。

——《月令七十二候集解》

雷始收聲

初候　9月23～27日

一道菜，丈母娘征服了上門的新女婿。

在我家的中秋家宴中，母親有一道拿手菜，是用花雕酒做成的花雕蒸醉蟹，歷來被稱為丈母娘征服上門新女婿的一道菜。

一年的月缺月圓，唯有中秋之時最讓人情動。此時此境，秋漸老，窗外蛩聲正苦，「切切蛩吟如織」真是一個絕妙的好句，夜將闌，燈花旋落。

在南方的生活經歷，讓母親不知從何時起愛上了花雕酒，她可以用花雕酒做出很多種菜餚，比如花雕雞、花雕蹄膀等。

花雕酒可直接飲用，春夏可冰鎮著喝，秋冬可暖燙後飲用，非常適合小酌幾杯，而且只需配一小碟茴香豆即可。花雕酒除了佐菜飲用之外，不少名菜都是用花雕酒烹製的，因而這些菜有一種獨特的品性：借酒發威。

母親說：吃蟹最好要飲一杯花雕酒，蟹性涼，花雕酒暖胃，是最佳的搭配。說起花雕蒸醉蟹，我便想起我和老公結婚後回門的日子，這一天的新女婿被尊為貴客，母親便端出她的拿手好菜：花雕蒸醉蟹。

這道菜的獨到之處是，螃蟹先加花雕酒醃過，有一種濃郁的花雕酒香味。老公吃著螃蟹，淡淡的花雕酒香誘惑著他的味蕾，轉而細嚼，在花雕酒的襯托下，蟹肉更顯鮮嫩，鹹鮮爽口，一點都不腥，驚喜的感覺令他回味無窮。

花雕蒸醉蟹，對在北方長大的老公來說，簡直堪稱驚豔，從此讓他念念不忘。

小餅如嚼月

秋分過後是中秋節了，註定是一個不平靜的九月，江湖風雨都在月餅界。

中秋，嫦娥不是主角，月餅才是。曾經，五仁月餅成為眾矢之的，南北方網友似乎在五仁月餅上達成了共識，齊聲討伐，要它「滾出月餅界」，還說什麼「恨一個人，就送他五仁月餅」。

你和五仁月餅到底什麼仇什麼怨？

其實，你是沒有讀懂「五仁」。五仁月餅曾經是尊貴的象徵。

《紅樓夢》裡只有一家之長的賈母才能吃「內造瓜仁油松瓤月餅」，沒錯，這種大內御膳房製作的、用松仁、核桃仁、瓜子仁等果仁混合冰糖和豬油做成的糕餅，就是當時貴族享用的五仁月餅。

「五仁」的說法最早出自中醫理論。南宋齊仲甫編撰的中醫著作《女科百問》中，關於產婦大便秘澀的問題，給出的藥方中有一種藥叫「滋腸五仁丸」，配製這種藥丸需要桃仁、杏仁、柏子仁、松子仁、郁李仁、陳皮。

清代汪昂的《本草備要》裡也記載，這些果仁、果皮有疏通大腸血秘、去秋燥等功效。滋腸五仁丸的配方和今天五仁月餅配方有幾分相似，可以說是五仁月餅餡料的原型。

了解中藥的人應該知道，這些果仁也是其他很多中醫藥方的組成部分。作為廣式飲食「食藥不分家」的代表，五仁月餅難免讓人聯想到涼茶，一個是藥，一個是「藥膳」。在秋燥傷肺的時候，吃個五仁月餅養養肺，我們應該感激老祖宗的良苦用心。

與那些用冬瓜蓉代替果肉的水果月餅、白芸豆沙加香精的蓮蓉餡月餅相比較，只有五仁月餅，哪種食材都偽造不了。松子仁就是松子仁，核桃仁就是核桃仁，瓜子就是瓜子，杏仁就是杏仁，一顆顆真實可見，任何一種稍微出點差池，都會影響整體的風味。

沒想到吧，五仁月餅反而是最真材實料，也最難做的月餅。

五仁月餅這麼難吃，青紅絲起碼有一半的「功勞」，廣東人一臉困惑地說：「往五仁月餅里加的青紅絲，究竟是什麼魔鬼？」正宗的五仁月餅是沒有青紅絲的。

月餅含有很高的油脂及糖分，吃的時候最好喝點什麼，吃甜味月餅飲花茶最好，有香甜兼收之妙；吃鹹味月餅飲烏龍茶或綠茶為佳，有清香爽口之感。濃茶和咖啡中含較多的咖啡因，汽水、可樂或果汁等含有大量熱量和糖分，不宜與月餅一起吃。

玫瑰火餅

玫瑰火餅，這款餅出身極有根底。

它是我家的自製月餅，記得母親有一本《古代菜譜名點大觀》，舊舊的書頁，泛著淡淡黃色，書裡寫的全是文言文，滿篇的之乎者也，一個個繁體字是那樣的陌生。

書中記載，清代朱彝尊的《食憲鴻秘》中記：「內府玫瑰火餅：麵一斤、香油四兩、糖四兩（熱水化開）和勻，作餅。用製就玫瑰糖，加胡桃白仁、榛松瓜子仁、杏仁（煮七次，去皮尖），薄荷及小茴香末擦勻做餡。兩面黏芝麻熱熯熯。」

玫瑰火餅外酥內嫩，其裡層層疊疊，片片起酥。

麵皮

中筋麵粉……160 克
糖……10 克
水……75 克

油酥

麵粉……80 克
油……50 克

餡料

玫瑰醬……100 克
紅薯泥……80 克
熟瓜子仁……30 克
熟腰果……30 克
熟花生米……30 克

其他

食用油……適量

做法

1 麵皮材料中的麵粉 160 克，糖 10 克，水 75 克，和成麵糰後，靜置 15 分鐘。

2 油酥材料中的麵粉 80 克放入碗中，油 50 克加熱到略冒煙，倒入麵粉中，邊倒邊攪拌，調成油酥。

3 玫瑰醬、紅薯泥放入碗中。熟瓜子仁、熟腰果、熟花生米壓碎，放入碗中，拌勻成內餡。

4 先在工作檯上與擀麵棍撒手粉，將麵糰擀成薄餅，將油酥放入麵餅上，包成包子狀。

5 接著全部擀開，再將麵餅折疊。

6 二次擀開、折疊。

7 最後第三次擀開。

8 將麵餅捲起後，分割成均勻小塊。

9 切口朝上，按扁，擀皮。

10 麵皮上放入玫瑰內餡包好收口。

11 鍋中刷少許油，放入包好的玫瑰餅，小火，烙至兩面金黃即可。

廚房小語

1. 餡料可按自己的喜好搭配。
2. 油最好選用味道較淡的沙拉油或玉米油。

蟄蟲坯戶

次候 9月28日～10月2日

「七月十五棗紅圈，八月十五棗落桿。」夏天展開之後，便是秋的傑作。

打棗，是一場歡樂熱鬧的「戰鬥」。

記得老家院子裡有三棵棗樹。那棵老棗樹，頂端分出三、四枝大枝杈，枝子的姿勢，漫天盤伸，這樣那樣伸出去，非那麼長不可的樣子，一股無法按捺的伸張力在每根粗枝上凝聚。

紅紅的棗兒掛滿了一樹，枝椏伸到牆外，實在很誘人。矮牆外，是一條窄巷，很長很直，鄰家的孩子們上學時都會從這兒經過，順手摘幾個，一面笑一面吃著走了過去。

聽祖母說，她嫁過來之前老棗樹就在，是從外面拎回來的，也沒挑什麼吉日良辰，草草率率地種在院子裡，就這麼把它丟給了時間，後來冒出了枝椏，再後來就長成了一棵大樹。

最珍貴而美麗的應該是打棗的時刻，祖父舉著桿子打棗，我和祖母拾棗，「嘩啦啦」的，棗掉到地上，溜圓、紅而飽滿，雖小亦鮮明可愛。

一個，又一個，紅棗雨掉落如覆盤，擲地有聲，真是庭院靜好，天地安然。

掉落的紅棗在我的腦門上彈了一個脆響的「吧嗒」，樹下溢滿了甜蜜的笑聲。每個棗子的喜悅、芬芳都有我的份。

有些滋味，需等到相當的年歲之後，才能品味出其中的深奧，就像祖母做的棗泥糕。嘗不到那種可口的棗泥糕的滋味，已經很多年了。

| 月華升 |

一年有十二次月圓，華人卻最看重八月十五的中秋之月。這是什麼原因呢？

古人認為：「月者水之精，秋者金之氣。」中秋的月華，為月亮周圍的光環，被古老的道家稱為「金精」，在五行中，金水性相生，水得金還盛，月因秋更清，這是天地之氣與時令相感應的結果。

除了賞月，每年中秋，大家都在等另一個勝景，那便是錢塘江的大潮，宋代的蘇軾曾有詩云：「八月十八潮，壯觀天下無。」

自古，月亮的陰晴圓缺主導了世間的陰氣。月球引力也能像引起海洋潮汐般對人體中的液體發生作用，稱之為「生物潮」。

月圓時，人體的氣血、精氣神都達到巔峰，從人體來說，要順應這個時令，奧妙就在一個「水」字上。

經過一個夏天，總會有一些濕熱賴在人體內，這是一種「濁水」，要及時排掉，不然濕熱會逐漸往下走，影響人體的下焦，包括下巴長痘，小便痛、發黃，女性白帶黃，這些都是下焦濕熱的表現。

《黃帝內經》有云：「月升無泄，月滿無補。」意思是：月亮剛升起時，養生宜補不宜泄；月滿的時候，宜泄不宜補。

因此，仲秋這個月，可用陳皮與老白茶煮飲，白茶退熱祛寒、降火解毒；陳皮性溫，有理氣健胃、燥濕祛痰的功效。陳皮白茶能夠幫助我們排出身體的濁水，防止濕氣在體內潛伏過冬，讓人體的水液調節均衡。

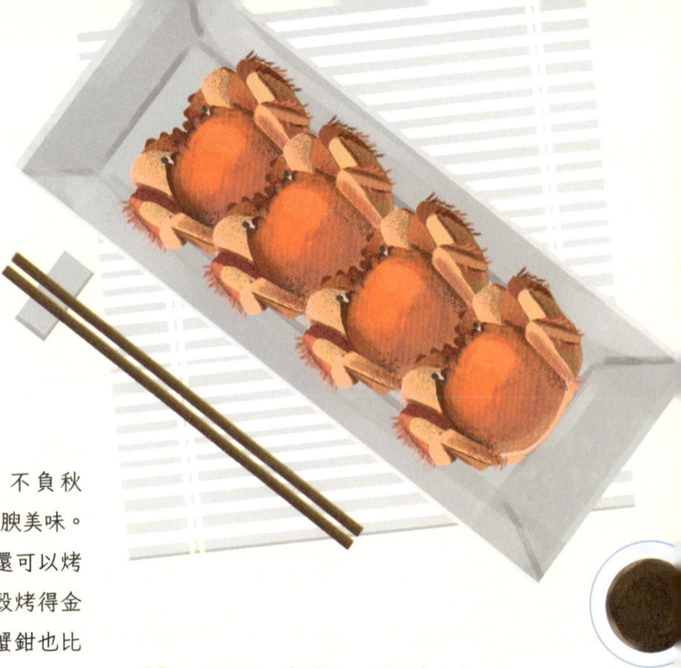

花雕烤閘蟹

是時新秋蟹正肥，不負秋時，更不要辜負了這份甘腴美味。

除了清蒸，大閘蟹還可以烤著吃。花雕烤閘蟹，蟹殼烤得金黃金黃的，肉質緊致，蟹鉗也比清蒸吃起來更鮮。花雕酒祛寒，和閘蟹可謂完美組合。

食材

大閘蟹……2隻
花雕酒……100克
薑……1塊
薑片……3片

蘸料

薑末……20克
醋……10克
醬油……10克

做法

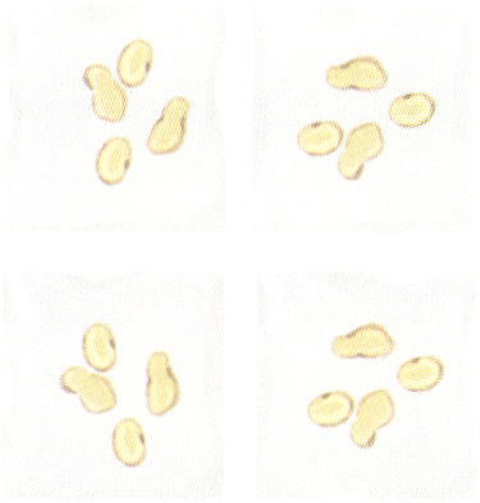

1. 用竹籤或尖刀由螃蟹兩眼間插入至心臟部位，將蟹殺死，然後解開繩子，用刷子將蟹刷淨，充分瀝乾水分。大閘蟹、花雕酒、3 片薑片放入大碗中蓋上蓋，醃製 20 分鐘。

2. 將鋁箔紙剪成 10 公分正方形大小，準備 4 張。薑塊切片後，在鋁箔紙上放上薑片。

3. 將大閘蟹肚子朝下，背部朝上。包好鋁箔紙。

4. 烤箱預熱 220°C，待烤箱預熱好後，將擺好的大閘蟹放入烤箱，上下火，中層，烘烤 20 分鐘左右。烤好後，不要著急打開烤箱門，燜 2 分鐘，再取出。根據螃蟹大小不同，烘烤時間要相應調整。

廚房小語

1. 食用前將薑末、醋、醬油調成醬汁蘸食。
2. 處理大閘蟹前之前可在盆中加淡鹽水，沒過大閘蟹一半左右，養 30 分鐘，讓螃蟹把肚子裡的穢物吐乾淨，再繼續後面步驟。

水始涸

末候 10月3～7日

回婆婆家，看到婆婆又晒了一院子的乾菜，有長豆角、茄子、蘿蔔，最多的就是茄子乾。

那是門外的菜園子裡自家種的菜。婆婆每年都會在菜園裡種入20棵茄子苗，盛夏是生長旺季，秧子上時常掛滿了茄子來不及吃，只好將大個的摘下來，切成片晒成茄子乾。

那時，院子裡晒滿了茄子乾，長長的晾衣繩上掛著，屋簷下的牆上釘了釘子掛著，就連窗臺間那麼窄窄的地方也鋪滿了一層，這時，若有人推開院門走進來，還真找不到下腳的地方。

耀眼陽光下，只覺那些乾菜帶有風露與日晒氣似的，想來做了餚饌亦饒有日月風露氣息。

| 秋分時鮮 |

秋分到了，關於秋分的農諺有：「梨行卸了梨，柿子紅了皮。」、「秋分收花生，晚了落果葉落空。」聽著就很好吃，真是個收獲的時節。

在這個多「食」之秋，應季而食，是大自然奇妙的恩賜。

此時是「水八仙」中茭白、蓮藕、菱角短暫的上市期。拇指粗的茭白，池中的新藕，湖中的紅菱，山上的板栗，田裡的芋頭，全都如期而至。

◆ 水紅菱

水紅菱又叫「蘇州紅」，是蘇州人引以為豪的「水八仙」之一。水紅菱一般都是生吃，甜甜的、脆脆的，十分爽口，可以清熱止渴，不過吃多了容易腹脹，所以就算好吃也不要多吃呀！

◆ 桂花

沒在桂花開的秋分時節下過江南，就別說你懂江南。有人說過，風動桂花香，而我覺得，風動它香，風不動，它依然會香。

在林清玄的《蓮花香片》裡看到他喝桂花茶的方法是，把桂花和蜂蜜攪拌在一起，再放入酸梅。林先生認為桂花沖水後冰鎮，是最可口的喝法。禁不住誘惑，拿桂花來一試，桂花獨有的香氣氤氳而上，那種溫馨曼妙的感覺，清爽而悠遠。

◆ 板栗

肉色深黃的板栗，是秋天跌落的美味。栗子在《紅樓夢》中多次出現，可以說是賈府常備食材。有史湘雲酷愛的栗粉糕，有板栗燒野雞，還有花襲人說：「多謝費心，我只想風乾栗子吃。」讓寶玉剝栗子吃給她。風乾栗子寫入《紅樓夢》，身姿便雅了，也就高貴起來。

◆ 蓮子

秋分，發現一朵兼顧食用和觀賞的「白富美」，它就是蓮花。在黝黑的土地裡，它經歷無數次的寒冷和酷暑，幾番涅槃重生才修煉成一朵「白蓮」。

蓮子也正是成熟的季節，新鮮的蓮子清甜軟糯，加入百合，很適合在乾燥的秋季潤肺安神，要想再滋補一下，也可以放入幾塊雞肉，煲些清湯來喝。

◈ 螃蟹

當然，最不能辜負的就是那一口膏滿黃肥的螃蟹，清代戲劇家李笠翁終生癡情於蟹，他在《閒情偶寄》中寫道：「蟹之美：鮮而肥，甘而膩，白似玉而黃似金，已造色香味三者之至極，更無一物可以上之。」、「每歲於蟹之未出時，即儲錢以待。因家人笑予以蟹為命，即自呼其錢為『買命錢』。」

蔥油茭白

茭白與蓴菜、鱸魚並稱為「江南三大名菜」，因營養豐富而被譽為「水中參」，其質地鮮嫩，味甘實，被視為蔬菜中的佳品。

食材

茭白……2個
紅椒……1個
青椒……1個

調味料

香蔥末……30克
鹽……3克
雞粉……適量
食用油……15克
香油……5克

做法

1 茭白去皮洗淨，切絲。
2 紅椒、青椒洗淨後切絲，香蔥切末備用。
3 茭白放入鍋中，汆燙撈出，瀝乾水分。
4 鍋中放入油、香油燒熱，放入香蔥末，炸成蔥油。
5 茭白、紅椒、青椒放入大碗中，將蔥油放入碗中，加入鹽、雞粉拌勻即可。

廚房小語

蔥油不要炸過頭，出了香味即可。

寒露

寒露，九月節。露氣寒冷，將凝結也……菊有黃華。草木皆華於陽，獨菊華於陰，故言有桃桐之華皆不言色，而獨菊言者，其色正應季秋土旺之時也。

——《月令七十二候集解》

鴻雁來賓

初候 10月8～12日

外婆家的屋後，有一個大水塘，裡面種了藕，端然開著朵朵荷花，那麼亭亭，真是帶著心事的小女子一般，楚楚得讓人生憐，一臉的風情更讓人心動，像個江南殷實人家的小家碧玉。

兒時，外婆為我做的每一件衣服上，都能引出一段記憶猶新的故事。她總在我的衣服上面，繡並蒂的蓮花、連心的藕。那粉紅的花瓣、那綠的莖、那青翠的荷葉，似乎還有一隻飛舞的蜻蜓，宛若古詩裡「黃鳥飛來立，搖蕩花間雨」的意境，生怕驚動人世。

到了秋意漸濃、丹桂飄香之時，能採許多的蓮藕。「中虛七竅，不染一塵。豈但爽口，自可觀心。」這是宋代詩人讚美蓮藕的詩句。

外婆告訴我，新採的嫩藕勝太醫。蓮藕有七孔和九孔之別。九孔蓮藕食之無渣，生吃熟吃都脆嫩清香，而且這種蓮藕是無絲的。七孔蓮藕折斷時，在兩個斷面之間有細絲相連。

唐代孟郊〈去婦〉詩有：「妾心藕中絲，雖斷猶牽連。」可謂生動。

兩種蓮藕特性不同，吃法也不一樣。七孔蓮藕含澱粉多，水分少，糯而不脆，適宜做湯；九孔蓮藕水分充足，脆嫩、汁多，涼拌清炒最佳。

我最愛吃外婆做的桂花藕片，爽脆鮮嫩的藕片浸在黏稠的桂花糖汁內，細細碎碎的黃色桂花瓣點綴其中，隱隱約約透露出一種纏綿香氣。

| 潤燥補血 |

秋涼空了花香。空氣中蒸騰著桂花的香味，或濃或淡，皆取決於風的力氣。

《詩經》三百餘首，滿是「鳥獸草木之名」，寫遍百花，「彼澤之陂，有蒲與荷」、「彼澤之陂，有蒲與蘭」，讓人遺憾的是，竟然沒有「桂」。

「廣寒香一點，吹得滿山開」，古人把桂花的香氣稱為廣寒香。季秋之月，桂花最了不起的功效是調養、滋養肝血，對女性而言可調理由於肝鬱導致的月經不調。

東方女性體質易偏陰寒，而氣鬱、血寒都容易導致血瘀，桂花性溫，既舒肝氣，又散寒氣，有通瘀的作用，它的香氣可以抵達身體的角落，化瘀效果甚至比玫瑰還要好。

明朝養生學家高濂的《遵生八箋》裡，有用桂花做湯的方子，稱為「天香湯」。

節氣食帖

古方天香湯

木犀盛開時，清晨帶露用杖打下花朵，以布被盛之，揀去蒂萼，囤在淨瓷器內。候聚積多，然後用新砂盆搗爛如泥。

食材 木犀 1 斤，炒鹽 4 兩、炙粉草 2 兩。

做法 拌勻，置瓷瓶中密封，曝 7 日。每用，沸湯點服。一名山桂湯，一名木犀湯。

桂子天香湯

食材 半開的桂花 3 ～ 5 克，甘草 5 克，冰糖一小塊。

做法 以沸水沖泡代茶飲。桂花辛溫，和甘味的甘草配合，對提振陽氣、滋養肝血有益。

長壽桂花果茶

食材 乾桂花 3 克，乾佛手果片 9 克，砂仁 6 克。

做法 一起泡茶即可。可袪濕氣、溫中散寒、固護脾胃。

桂花秋藕卷

桂花秋藕卷，藕片內捲入蘿蔔、金糕，色澤鮮豔，味道清新，透著一縷蓮藕的清氣：蓮藕入口的微甜，齒嗚未已，蘿蔔脆脆爽爽，金糕酸酸甜甜，浮著一些細小的六瓣五瓣桂花糖，瀰漫著若有若無的香氣。在這溫和甜潤的芬芳中，隱隱約約透露出一種纏綿清甜。

食材

藕……1 段
青蘿蔔……1 段
胡蘿蔔……1 根
山楂糕……100 克

調味料

白醋……20 克
糖……15 克
桂花糖……適量

做法

1 藕去皮，切薄片，切得越薄越好，厚了捲不起來。
2 藕片放入鍋中，燙熟撈出瀝水。
3 青蘿蔔、胡蘿蔔洗淨，切絲；山楂糕切絲。
4 取一藕片捲入適量青蘿蔔絲、胡蘿蔔絲、山楂糕。
5 取一小碗，按照個人口味放入糖、白醋、桂花糖，調勻成糖醋汁。
6 將調好的糖醋汁倒入藕卷中，浸泡 30 分鐘即可食用。

廚房小語

1. 蔬菜與調味料都可按自己的喜好搭配。
2. 沒有桂花糖，可用蜂蜜代替。

雀入大水為蛤

次候 10月13～17日

茱萸「辟邪翁」，菊花「延壽客」，替重陽月站臺幾千年。

今日重陽。

《易經》說，九為陽數，九月九日，重九之數，是陽氣極盛時。因月、日兩九相重，九為陽數，借由這個對華人來說有著「無限」意味的數字，踏秋，祭天祭祖，佩茱萸，飲菊花酒，祈求長壽，過成了佳節。

「遙知兄弟登高處，遍插茱萸少一人。」小時候背這首詩時，便一直疑惑，這裡的「茱萸」到底是什麼？重陽節為什麼要插它啊？

茱萸對於重陽節，就如同艾葉對於端午節那麼重要。《風土記》曰：「九月九日，律中無射為數九，俗尚此日折茱萸房以插頭，言辟除惡氣而禦初寒。」

重陽節正是一年秋冬之交，陰寒之氣即將成為天地間的主宰，而茱萸氣味辛辣芳香，性溫熱，可以治寒驅毒。

茱萸分三種，常用的有吳茱萸和山茱萸。山茱萸可作補藥。帶著籽叫山茱萸，去了籽就叫山萸肉。凡是腎虛的人，無論陽虛陰虛，都用得上山茱萸，它可以平補陰陽，專補精氣不固。

吳茱萸，在重陽節時，可以插在頭髮裡，或佩帶於手臂上，或作香囊佩帶，會有一股辛香氣環繞身側。將它研末用醋調後貼敷腳心可以引火下行，治療口腔潰瘍、高血壓，還可以止小兒咳嗽。

有心仿古的朋友，可以去中藥店買些吳茱萸，它散寒助陽，可以當作秋冬這段時間的香囊主料。

提到秋天，少不了的便是菊花。菊花可以泡茶，也可以泡酒。昨日空閒的時候，做了甘菊花浸酒。將菊花用自釀的米酒浸泡一晚上，今天濾出，小酌幾杯，清香撲鼻，既應了一回今日重陽的景，又有些許的秋天味道。

防秋咳

不是所有咳嗽都適合吃秋梨膏。

寒露後，氣溫漸漸下降，雨水越來越少，天氣變得乾燥。雖然寒涼，但此時是寒在皮肉，寒不到骨。

寒露風一吹，世間萬物都被抽了水，「燥邪」肆虐，「喜潤惡燥」的肺便受不了了。燥邪襲人之時，更易透過乾燥的口鼻呼吸道或皮膚毛孔而侵犯入肺，引起咳嗽。秋咳的人多了起來，燥邪襲表時會有溫燥、涼燥兩種，所以不是所有咳嗽都適合吃秋梨膏，要分清楚寒熱才行。

中秋前後，秋陽仍燥烈，餘熱未退盡，肺遭受溫燥之邪侵襲，多屬溫燥咳嗽；深秋時節，天氣漸冷，寒風肅殺，如寒燥之邪犯肺，多為涼燥咳嗽。

溫燥咳嗽，多為臟腑有熱，表現為乾咳連連、聲音洪亮、少痰、喜喝水、舌頭發紅、舌苔黃而乾。受溫燥影響的人多為陰虛燥熱體質。

涼燥咳嗽，多為燥氣與寒氣結合入侵，咳少聲低，多有白痰，痰液清稀，夜咳也多為寒咳，口乾卻不想喝水，舌尖淡紅，舌苔白而潤。受涼燥影響的人多為氣虛陽虛、偏寒體質。

溫涼燥邪不同，緩解方法也不同。

溫燥應吃偏涼的食物養陰，如百合、銀耳、藕、沙參、甘蔗、荸薺、玉竹等，也可以喝茅根竹蔗馬蹄水，我在前面已經介紹過。

緩解涼燥則適合吃偏溫的食物，如杏仁、陳皮、淮山、紫蘇葉、胡蘿蔔等。還有個辛散調理涼燥的小方法：用紫蘇葉煮水喝。

看完這些，你咳嗽時還會馬上想到川貝燉雪梨、秋梨膏嗎？

記住，下次咳嗽了，先辨別清楚是溫燥咳嗽還是涼燥咳嗽，如果治療不對症，可能會適得其反。

蜜金橘

教你做治咳嗽的良方——蜜金橘。

蜜金橘以金橘、冰糖、蜂蜜製作而成，可養胃健脾、清熱解毒，對久咳不癒、食欲不振、防止感冒等有一定效果，既可以直接當零食吃，也可以加熱水沖飲，化痰止咳外還能幫助消化。

食材

金橘……400 克
蜂蜜……30 克
冰糖……50 克
鹽……適量
清水……適量

做法

1 盆裡倒入清水，撒入少許鹽，浸泡金橘 10 分鐘，清洗乾淨後晾乾。
2 將金橘縱向等距切 5 ～ 7 刀，不要切得過深，否則容易斷。
3 切好的金橘用手指按扁。
4 全部做好後放入鍋中，加冰糖和適量清水。煮滾，轉小火慢煮 10 分鐘，直至糖水濃稠。
5 關火後淋入蜂蜜，接著把金橘放入玻璃罐，放進冰箱冷藏 1 天即可食用。

廚房小語

金橘切勿去皮。金橘所含的維生素 C 有 80% 都分布在果皮上。

菊有黃華

末候　10月18～22日

你知道的菊，是我知道的菊嗎？

季秋之月，菊有黃華。菊，花之隱逸者；菊，秋膳中當之無愧的C位。

《五雜俎》是最早記載吃菊花的文字，有「古今餐菊者多生咀之」的敘述。明代高濂的《遵生八箋》還有製作菊花散、菊苗粥和飲菊花酒的紀錄。

在眾多菊饌中，因有陶淵明和慈禧撐腰，菊花火鍋顯得分外尊貴。菊花火鍋，也叫菊花暖鍋，流行於江浙一帶，它與重慶麻辣火鍋、廣東海鮮打邊爐、山東肥牛小火鍋、北京羊肉涮鍋一起被稱為「中國五大火鍋」。

甚至在《川菜烹飪事典》中也收錄有菊花火鍋，為此麻辣菊花鍋和養生菊花鍋表示，「我們也是『官方認證』的」。

據傳菊花火鍋始自陶淵明。有一年冬天，陶淵明食火鍋時忽發奇想，若將菊花瓣撒入火鍋，其味定然不錯。於是他將庭園中盛開的白菊花剪下來，摘下花瓣洗淨，投入火鍋中，一吃之下不但味道鮮美，而且清香爽神，菊花火鍋就此傳開了。

至清代，據德齡郡主《御香縹緲錄》記載，菊花火鍋被慈禧太后列入冬令的御膳之中。慈禧的菊花鍋，用的是一種名叫「雪球」的白菊花。每至深秋初冬，御膳房每日都會採摘鮮白菊數朵，用明礬水漂過，清水洗淨；在火鍋內加入雞湯煮沸後，將白菊花瓣撒入鍋中，然後讓慈禧用暖鍋湯涮入食材食之，芬芳撲鼻，別具風味。

我做菊花火鍋，用的是魚骨熬製的火鍋底湯，再加入洗淨的杭白菊，待菊花清香滲入湯內，再將生肉片、生魚片等入鍋涮熟。以一個吃貨的經驗來說，菊花火鍋最好是涮鮮魚片，火鍋裡菊香陣陣，花兒沉浮，自有一種雅趣。

菊花鍋味碟有辣椒油、醋、芝麻醬、花椒油、韭菜花、腐乳等十多種調味料，可依據自己的口味調配。

三兩知己，窗邊圍爐，吃著菊花火鍋，三杯兩盞淡酒，可敵晚來風急。

| 季秋之味 |

秋季宜食白。

這一年北京冷得有些早，秋風瑟瑟，社交媒體上分兩派，一派是「貼秋膘派」，另一派是「大閘蟹派」。時至寒露，百果收倉，萬物凋斂。對秋天的想像力，怎麼能只局限於肉和螃蟹，我們還可以吃什麼，來度過一個秋意正濃的秋天？

同樣是表達對秋天的熱愛，北方人無法理解南方人對銀杏的熱愛。江南舊年有小販挑著擔子，唱著吳儂調子的謠曲：燙手爐來熱白果，要吃白果就來數。

俗語說，秋季宜食白。秋燥傷肺，耗人津液。而白果性平，潤肺益氣正合宜。然而白果帶有微毒，以往小兒吃白果總被大人喝止，每日只許吃上三、五粒。

除了白果，一碗暖暖的蓴菜羹，能在深秋打開胃口和心房。蓴菜名氣如此之大，與西晉時期的一位名叫張翰的人分不開，他寧肯不做官，也要回去吃他的蓴菜和鱸魚。蓴菜是水生蔬菜，具有清熱、利水、消腫、解毒的功效。

臨近 11 月，深秋茨菰上市了，茨菰是個「嫌貧愛富」的蔬菜——如果清炒有淡淡的苦味，與肉搭配烹飪，苦味就會消失。中醫認為茨菰性味甘平、生津潤肺、補中益氣，對勞傷、咳喘等病有獨特療效。

地黃是隨處可見的一種植物，人行道旁，綠化帶中，不經意間，都能看到它的身影。寒露至立冬收穫地黃，鮮地黃為清熱涼血藥，製成乾地黃為涼血補血藥，製成熟地黃則為補益藥。

鮮地黃可以用來煮生地粥或者涼拌地黃絲。也可用鮮地黃 125 克，鮮藕、秋梨各 500 克，適量蜂蜜，煮地黃藕秋梨膏，可養陰清熱、生津潤肺、潤腸通便。

菊花是一種藥食同源的常見鮮花，功效非凡，能清熱解毒、生津止渴、清肝明目、降脂減肥。

菊花雞絲是一道雞肉鮮味與菊花清香相融合的美味佳餚，不僅色澤豔麗，而且味道鮮美、花香馥郁，富於營養。

吃到嘴裡，菊花的冷香、雞絲的鮮鹹清爽，挑逗著你的味蕾。特別提示，有胃病的人不太適合食用這道菜。

菊花雞絲

食材

雞胸肉……260 克
食用黃菊花……1 朵
食用白菊花……1 朵

調味料

鹽……2 克
澱粉……5 克
胡椒粉……3 克
糖……3 克
雞粉……適量
香油……適量
食用油……適量
料酒……10 克
清水……適量

做法

❶ 將菊花瓣用淡鹽水浸泡 2 小時。

❷ 將雞胸肉切成筷子粗細，用鹽、澱粉、料酒、胡椒粉、糖拌勻，醃 10 分鐘。

❸ 鍋中加水，等水開後將雞絲放入鍋裡，小火煮滾後，撈出瀝乾。

❹ 鍋中放油，將雞絲放入鍋中翻炒。

❺ 放入菊花瓣炒勻。出鍋時加入香油、雞粉即可。

廚房小語

1. 菊花瓣是食用菊花，可從網路購買，用淡鹽水浸泡可殺菌。
2. 雞絲用水滑透可減少油的用量。

霜降

霜降，九月中。氣肅而凝露結為霜矣。《周語》曰：駟見而隕霜。……草木黃落。色黃而搖落也。

——《月令七十二候集解》

豺祭獸

初候 10月23～27日

「秋末晚菘」呼之，則六朝煙火氣撲面而至。菘，就是大白菜。

「秋末晚菘」之語出於《太平御覽》，周顒於鐘山西立隱舍，清貧寡欲，終日長蔬食，衛將軍王儉謂顒曰：「卿山中何所食？」答曰：「赤米、白鹽，綠葵、紫蓼。」文惠太子問顒：「菜食何味最勝？」顒曰：「春初早韭，秋末晚菘。」

總覺得沒吃出秋末晚菘的美味來，也沒有如李漁所說：「菜類甚多，其傑出者則數黃芽……每株大者可數斤，食之可忘肉味。」

大白菜食之可忘肉味，似乎有些誇張。這平常的白菜，能讓人吃得暖心暖肺倒是真的。

白菜的極品做法是開水白菜，這裡的「白菜」還是那個白菜，可「開水」卻不是那個開水。

「開水」是噱頭，其實是一種「有內容」的清湯，要用老母雞、鴨、宣腿（雲南宣威火腿）、蹄膀、干貝、排骨吊湯，湯要味濃而清，清如開水一般，端上桌的菜，乍看如清水泡著幾棵白菜心，一滴油花也不見，但吃在嘴裡，卻清香爽口。開水白菜事實上是一款高級清湯菜。

最是平常的大白菜，吃了幾十年，依然會按時出現在我的餐桌上，無非是炒、燉罷了。其實家常白菜也有很多精細烹調的做法，而我最愛的是一道如意白菜卷。

將瀝乾水分的白菜葉平鋪在案板上，肉餡均攤在白菜葉上抹平，然後捲成菜卷，用香菜梗捆扎繫好，整齊排放在盤上。取一小碗，將鮮湯、少許醬油、豬油、鹽、味精放入調成汁，澆在白菜上，上籠清蒸20分鐘取出，盤中的白菜，盈盈漾漾，鮮美醇釅。

每個人所追求的生活方式是不同的，就像一棵白菜，你可以做得簡單而清淡，也可以煩瑣得蕩氣迴腸，個中滋味，只有靠每個人自己去品味了。

白雁霜信

霜降節氣，有一個有趣的自然現象，就是「白雁霜信」。

北宋沈括《夢溪筆談·雜誌一》中記：「北方有白雁，似雁而小，色白，秋深則來。白雁至則霜降，河北人謂之『霜信』。杜甫詩云：『故國霜前白雁來』即此也。」

霜遍布在草木土石上，俗稱打霜，早在兩千年之前的漢代，在《氾勝之書》中就有記載：「芸薹足霜乃收。」意思是要到打了霜之後才收蘿蔔，否則口感會苦澀。

據傳西晉的陸機也說過：蔬茶，得霜甜脆而美，民間更有「霜打蔬菜分外甜」的說法。

記得以前在老家時，每年冬天，菜園裡有厚厚的積雪，撥開雪之後，下面就是黃心黑邊的蔬菜，就像范成大所寫：「撥雪挑來踏地菘，味如蜜藕更肥醲。」

「濃霜打白菜，霜威空自嚴。不見菜心死，翻教菜心甜。」白居易這首白菜詩中，白菜經霜去了澀，甜潤潤、脆生生，只覺詩意淳樸淡靜，滋味雅正，也恰是那霜白菜的味道。

吃貨們也早就發現了，有些蔬菜經過霜打後會更加好吃，主要是十字花科類的蔬菜，比如北方的大白菜，南方的有江浙的黃心烏塌菜、湖南的白菜薹、湖北的洪山菜薹，經霜之後都變得更加甘甜、軟糯，口感誘人。

經霜打過的蔬菜，把畢生的甜味都鎖於其內，只待一朝開啟，驚豔世間。

蒜蓉紅菜薹

紅菜薹，又名芸菜薹、紫菜薹等，是武昌特產，在唐代時已是名菜，歷來是湖北地方向皇帝進貢的土特產，曾被封為「金殿玉菜」，與武昌魚齊名，是湖北人桌上必備之菜。

紅菜薹可以清炒、醋炒、麻辣炒。炒紅菜薹很多人會忽略加醋這一步，導致炒出來的紅菜薹不脆或發苦，但切記不要過早添加，要出鍋前加，才能讓紅菜薹碧色中帶紫，口味鮮嫩爽口。

食材

紅菜薹......................500 克

調味料

蒜.................................5 瓣
鹽.................................2 克
醋................................10 克
食用油.........................適量

做法

1 紅菜薹清洗乾淨，撕掉老根，折成大小適中的菜段。
2 蒜切末。
3 熱油鍋，爆香蒜蓉；倒入紅菜薹肥莖翻炒。
4 再下嫩莖翻炒至斷生。
5 熟時加鹽、醋調味即可出鍋。

草木黃落

次候 10月28日～11月1日

花園，在街口。

連綿的暮秋冷雨，滴落在凋衰的荷葉上，一滴一滴地從荷葉上滑落，在水面上蕩出一個個完整的、圓圓的圈，很愜意，有點眩目。

明代陸采在《懷香記．索香看牆》中寫：「芰荷池雨聲輕濺，似瓊珠滴碎還圓。」

人生落幕時，誰能最後畫出這麼個完整的圓呢？

今日，當我穿過花園，驀然回首，秋的落寞襲滿荷塘，花落葉枯，流水也減去了幾分碧色。不覺心頭浮現出李商隱的詩：「秋陰不散霜飛晚，留得枯荷聽雨聲。」

荷葉入饌歷史悠久，唐代時已有「荷包飯」美食。柳宗元詩云：「郡城南下接通津，異服殊音不可親。青箬裹鹽歸峒客，綠荷包飯趁虛人。」詩中所說的「綠荷包飯」，就是如今在廣州和福州一帶的茶樓酒家裡流行的地方名食「荷包飯」。

美食家陸文夫曾寫道：春吃醬汁肉，夏吃荷葉粉蒸肉，秋吃五香扣肉，冬吃醬方肉。在這樣的季節，若是不吃上一回荷葉蒸肉，真有點對不住「江南可採蓮，蓮葉何田田」之美意。

張愛玲在《心經》中，心心念念地寫過荷葉蒸肉這道江南菜，唇齒留香間，更有著「蓮香隔浦渡，荷葉滿江鮮」實質意境。

荷葉色青氣香，入饌味清醇，不論鮮乾，皆可食用。鮮可解暑清熱，乾可助脾開胃，還有降血脂、降膽固醇的作用。

合時淡補

天氣漸涼，「皇上」、「娘娘」們要保重龍體、鳳體哦！

霜降之時，已值深秋，草木黃落、蟄蟲始眠，早晚已有冬意，薄以寒氣則結為霜。

霜降在五行中屬土，土氣津液從地而生，臟腑對應土氣的就是脾胃，根據中醫養生學的觀點，四季有五補：春升補，夏清補，長夏淡補，秋平補，冬溫補，此時與長夏同屬土，所以應以淡補為原則，且要補血氣以養胃。

民諺：「立秋核桃白露梨，寒露柿子紅了皮。」秋日於我，就是一樹樹火紅的柿子。

《隨息居飲食譜》說：「鮮柿甘寒，養肺胃之陰，宜於火燥津枯之體。」鮮柿有清熱潤肺、生津止渴、健脾益胃等功效。

吃一口甘潤的柿子，無論軟柿子、脆柿子，皆可清燥火、潤肺胃。柿子還是天然的醒酒藥，古代就被用作防醉和消除宿醉。然而柿子性寒，是陰性水果，脾胃虛寒的人不適合常吃，可以常吃的是柿餅，或蒸吃，或煮柿餅茶。

小時候我脾胃弱，母親就把紅紅軟軟的烘柿子去了皮，用果肉和小米一起煮粥給我喝，做時要將小米的米油煮出之後再放入柿子果肉，這樣最養胃氣、健脾胃、溫腎陽。這碗柿子粥可被評稱為秋季食療第一名。

去燥，清虛火，助秋氣肅降，讓陽氣潛藏，這是霜降該做的調養。若陽氣該藏不藏，虛火就容易上來，喉嚨痛、牙痛、心臟不適、氣滯胸悶等，都是時氣病。

如今，進補的東西紛繁蕪雜，反而忽略了當季的蘿蔔。古時候稱蘿蔔為「仙人骨」，有「十月蘿蔔小人參」之說。治時氣病，還要用當下的食材。「生吃蘿蔔通氣，熟吃則下氣」，胃滯氣導致的胃疼、反胃，都可以吃蘿蔔解決。

霜降時節，也是吃粥的好時候，可用山藥、白蘿蔔、蓮藕一起煮一碗三白粥。這個粥可清虛火、清濁氣、潤燥，助力陽氣收藏，降低陽氣外泄。

菊苣蝦仁沙拉

別以為它是娃娃菜。

歐洲菊苣，又叫金玉蘭，學名芽球菊苣。它的乳黃色嫩芽似娃娃菜，很多人誤以為自己吃的是娃娃菜。

歐洲菊苣脆嫩多汁、清香爽口、苦味清淡，餘味淡甜，營養豐富，也算是對得起它昂貴的價格。

歐洲菊苣可以健胃、利尿、清熱敗火，清潔腸胃和助消化。用它的根做的咖啡有令人放鬆的功效。

吃時把葉瓣剝下，整片葉蘸醬，或做成鮮美開胃的涼拌菜。這種蔬菜選育成功僅有百餘年，卻已成為世界各地尤其是歐美地區人們的飲食寵兒。

食材

蝦仁……50 克
菊苣……1 棵
黃瓜……1 根
小番茄……4 個
芝麻葉……40 克
紫胡蘿蔔……1 根

調味料

千島醬……適量
黑胡椒粒……適量

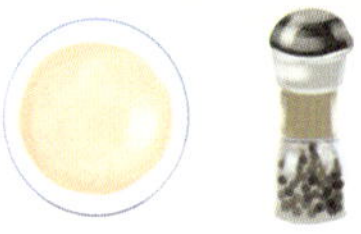

做法

❶ 芝麻葉切去底部，擇成一片一片備用。

❷ 黃瓜、紫胡蘿蔔洗淨，切片；小番茄切塊。

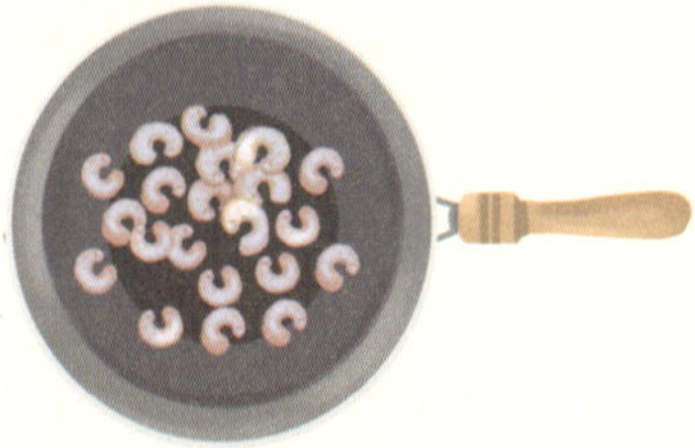

❸ 菊苣、芝麻葉洗淨。

❹ 蝦仁放入鍋中煮熟。

❺ 所有食材放入沙拉碗中，撒上黑椒胡椒粒，最後加入千島醬拌勻即可食用。

蟄蟲咸俯

末候 11月2～6日

蓮花其實就是荷花，在還沒有開花前叫「荷」，開花結果後就叫「蓮」。

僧問智門：「蓮花未出水時如何？」智門云：「蓮花。」僧云：「出水後如何？」智門云：「蓮葉。」

一問一答，盡是生活的禪意。

這一年的新蓮子，清麗中帶著傲骨，用它燉雪耳蓮子羹再合適不過。其實，我發現單獨煮蓮子要比加了雪耳更爽口好吃，蓮子這東西清氣，單獨煮燉，湯色既清澈又甘甜。

蓮子是荷的果實，蓮子素有「蓮參」之稱。《本草綱目》中稱蓮子：「蓮之味甘，氣溫而性澀，稟清芳之氣，得稼穡之味，乃脾之果也。」

蓮子煮熟吃，作用於心脾，有補益的作用，體虛的人可長期食用。

古人的祕法：生吃乾蓮子補胃。將乾蓮子細嚼後咽下，用古人的話說就是：比吃什麼藥都強。

中秋之後，一直沒斷了吃雪耳，秋燥時節就想吃清火潤燥的東西，雪梨燉雪耳，最是清火潤肺。

有人說：燕窩太華麗，雪蛤太補，還是雪耳最厚道。雪耳功效和燕窩相似，能夠滋陰養肺，價格卻比燕窩低得多。

其實，雪耳與誰在一起，功效大不同哦！

雪耳和百合同煮，適合口乾便秘的人。雪耳和百合、蓮子一起煮，是一個平和補氣的方子，大人和孩子都可以喝。

雪耳和大棗同煮，可補氣血兩虛，但如果是濕氣很重的人，長期吃會濕氣加重。雪耳和桂圓同煮，適合血虛體寒的人。雪耳和枸杞同煮，補腎虛的效果更佳。雪耳和西洋參同煮，補氣。雪耳蓮子清如許，養心健脾補心氣，清香淡遠甜悠，綿長四溢，叫人俯仰間觸到一股清芳之氣。

至日閉關

至日閉關，即可飛升上仙。

說起霜降，便會想起《西廂記·長亭送別》：「碧雲天，黃花地，西風緊，北雁南飛。曉來誰染霜林醉？總是離人淚。」

「寒露不算冷，霜降變了天」，從霜降到立冬，這 15 天的季節變換是十分明顯的，往往是北方一年之中氣溫下降速度最快的時段。

就像黃庭堅的詩裡寫的：「霜降水返壑，風落木歸山。冉冉歲華晚，昆蟲皆閉關。」

霜降三候蜇蟲咸俯。咸是皆，俯首貼耳的「俯」是低頭，臥而不食，就是冬眠。霜降後，對氣溫敏感的小蟲小獸們，在洞中不動不食，以睡眠的姿態躲避嚴寒與風霜，懶懶睡上一覺，一覺醒來，又是溫暖的春天。弱小的生命也有智慧的生存本能。

昆蟲都「閉關」了，人也應該避入室內休息，避免劇烈運動。古人「霜始降，則百工休」，準備開始「貓冬」，是很聰明的做法。

春夏養陽，秋冬養陰。為何講究秋冬養陰？陰就是人體的水液，也包括血液。霜降時河水枯落，在人體內就反映為缺乏水液滋養，特別是血液，養陰的一個主要任務就是養血。

最傷陰血的就是熬夜，霜降，已經進入深秋的後半月，秋氣傷肝，肝血不足時，人容易在子夜失眠，脾氣急躁，甚至雙目乾澀，指甲變薄，手腳發麻；上至心臟，下至大小便，都會受影響。

此時要滋養肝血，特別注意不要熬夜，養好了肝血，到立冬，就要開始補腎的工作了。

烤鴨

秋高鴨肥，沒有一隻鴨子可以活過深秋。在秋天，鴨子多食少動，儲備了肥膏準備過冬，肉質比夏天結實、鮮嫩。每年重陽節之後的鴨子最好吃。

北京烤鴨，肥厚多脂，簡直是上天賜給北方人貼秋膘的最佳禮物。烤鴨，鴨皮油潤發亮，香脆酥鬆，鴨肉鮮嫩，食之腴美香醇，外焦裡嫩，滿口留香，堪為色香味三絕。

食材

鴨子……………………………半隻

醃料

薑………………………………1 塊
蔥………………………………1 段
八角……………………………3 個
花椒……………………………3 克
鹽………………………………4 克
醬油……………………………15 克
料酒……………………………20 克

脆皮水

麥芽糖…………………………10 克
白醋……………………………5 克

沾醬

甜麵醬…………………………40 克
白砂糖…………………………5 克
蠔油……………………………10 克
香油……………………………5 克

配料

蔥段……………………………1 碟
黃瓜條…………………………1 碟
荷葉餅…………………………適量

做法

1 鴨子燙過、拔毛，擦拭乾淨後，放置 2 ～ 3 個小時晾乾表面水分。

2 將鴨子放入盆中，並將所有醃料混合，塗抹在鴨身內外層，冷藏過夜醃製 12 ～ 24 小時，中間翻動幾次。

3 麥芽糖加白醋調成脆皮水。

4 烤盤內鋪鋁箔紙，把醃好的鴨子放在烤盤中，並用廚房紙擦乾鴨身表面水分。

5 預熱烤箱 180°C，待烤箱預熱好後，將鴨子放入烤箱，上下火，中層，烘烤 15 分鐘，主要目的是將鴨子表皮烤乾。

6 鴨皮烤乾爽後，在表皮均匀刷上一層脆皮水，用鋁箔紙把鴨腿和鴨翅膀包裹起來。

7 將溫度調至 210°C，再次放入烤箱，烤製 40 分鐘左右，每隔 10 分鐘刷一次脆皮水。

8 將甜麵醬、白砂糖、蠔油、香油調成沾醬，並片下烤鴨，連同蔥段、黃瓜條包入荷葉餅中食用。

廚房小語

1. 鴨子表面水分要擦乾，不然鴨子的皮烤出來會不脆。
2. 沒有麥芽糖可用蜂蜜代替。

【冬藏】

大寒

小寒

冬至

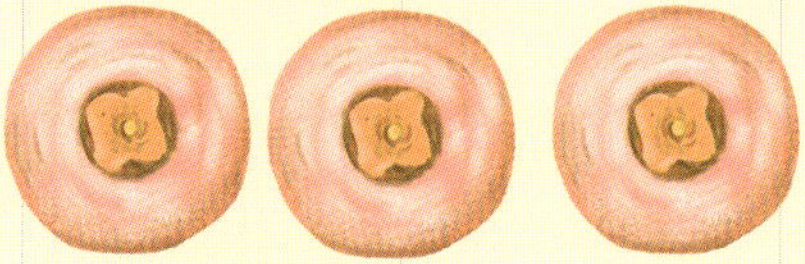

大雪

小雪

立冬

立冬

立冬，十月節。立字解見前。冬，終也，萬物收藏也。水始冰。水面初凝，未至於堅也。地始凍。土氣凝寒，未至於拆。

——《月令七十二候集解》

水始冰

初候 11月7～11日

這一年，告別了太多。

金庸、李敖、李詠、臧天朔、史丹·李、霍金、櫻桃子。不知不覺間，那些曾經伴隨我們年輕時代的經典，悄然消失在人們的視野中。

農曆十月初一，是傳統的寒衣節。它和清明節、中元節一起並稱中國三大鬼節。

鬼節，都是通靈的日子。傳說，閻王爺會在這日放陰間的鬼魂一天假，讓祂們來人間領取在世的家人送給它們的「錢物」，然後在天亮前趕回陰曹地府。人們在這天要為先人掃墓，焚燒用紙做成的衣服，讓先人在冬天有衣服禦寒。

寒衣節，由先秦的迎冬禮儀演變而來，《禮記·月令》記，農曆十月是立冬的月分。這一天，天子率三公九卿到北郊舉行迎冬禮，禮畢返回，要獎賞為國捐軀者，並撫恤他們的妻子兒女。

《夢粱錄》曰：「朔日朝，朝廷賜宰執以下錦，名曰『授衣』。」十月朔俗稱授衣節，唐朝「授衣節」居然放假十五天！

十月一，燒寒衣。為逝去的人送「禦寒衣物」，是世道人心最直接的體現方式之一，寄託著今人對故人的懷念，承載著生者對逝者的悲憫。這一天也象徵嚴冬的到來。

寒衣節如今很少有人過了，但表達感恩的精神內核應該傳承下去。寒衣節，溫暖過冬。願逝去的人，在另一個世界也能享有溫暖。

玄陰戒寒

抵禦即將到來的寒冬，穿什麼衛生褲，吃羊肉啊！

《內丹秘要》中有記載：「玄陰之月（農曆十月），萬物至此歸根覆命。」一年時序到了此時，一切生物的活動即將告終，準備藏伏避寒。

農曆十月，這個月陰氣極盛，劾殺萬物。立冬、小雪都在這個月，天地閉塞，不交不通。正如《遵生八箋》載：「孟冬之月，天地閉藏，水凍地坼。早臥晚起，必候天曉，使至溫暢，無洩大汗，勿犯冰凍雪積，溫養神氣，無令邪氣外入。」百蟲閉關，草木歸根，萬物都開始收藏蓄養，人在此時，也應早睡晚起，確保充足的睡眠。

羊肉性溫熱，冬季食用，益氣補虛、抗寒。身在北方的你，現在可以吃起來禦寒了，如果身體怕熱，常大便燥結，可搭配蘿蔔、冬瓜等涼性蔬菜食用。

節氣食帖

黑椒羊肉湯

食材 羊肉500克，黑胡椒10克，陳皮6克，生薑15克。

做法 先將羊肉洗淨切塊，起鍋爆香。然後把黑胡椒、陳皮、生薑洗淨，與羊肉一齊放入鍋內，加清水適量，大火煮沸後，小火煮1小時左右，調味食用。

乾薑肉桂羊肉湯

食材 羊肉500克，肉桂5克，當歸15克，乾薑15克。

做法 共燉至肉爛，加入鹽，趁熱吃肉喝湯即可。

很多人覺得胡椒、肉桂是熱性，吃了會上火，其實這就錯了，胡椒粉是溫補的，整個冬天都可以用，煲湯時放一些，既補腎又暖胃。而對於燥熱的羊肉湯，胡椒還能防止上火。

說到胡椒，黑胡椒與白胡椒的區別在哪？黑胡椒脫了皮，就是白胡椒，白胡椒是沒穿衣服「裸奔」的黑胡椒。白胡椒去皮後就沒有黑胡椒味道濃郁了。

肉桂雖是熱性的，只要不過量食用，就和胡椒一樣，有引火歸元的功效，能把羊肉的熱性導引到人體下焦，讓陽火回歸到人體的本源。

燜鍋羊排

天氣有點寒，日子可以暖。

在寒冷的日子裡，來上一盤熱乎乎的羊排，香濃滋味瞬間經過喉嚨流到胃裡，讓人身心都溫暖了起來，暖暖的感覺讓人既飽足又幸福。

燜鍋，沒你想得那麼複雜，其實只需要一碗醬汁。先把羊排煮至九成熟，再把所有的食材在鍋裡排放好，倒入醬汁燜著就行啦，然後就能舒舒服服地享受香濃的滋味，吃完了還可以添水繼續涮火鍋。

燜鍋的重點在於燜，除了醬汁不要額外加水，完全用蔬菜的水分加上醬汁的美味一燜到底。

食材

羊排……800 克
馬鈴薯……1 個
胡蘿蔔……1 條
綠花椰菜……100 克

醬汁

鹽……2 克
糖……8 克
蠔油……35 克
甜麵醬……30 克
番茄醬……30 克
醬油……15 克
蜂蜜……15 克
料酒……15 克
水……50 毫升

調味料

蔥……1 段
薑……1 塊
蒜……4 瓣
食用油……適量

做法

1 羊排洗淨，煮鍋裡倒入足量的清水，放入羊排，大火煮滾。待水沸騰後轉中火繼續煮，用湯匙撇除浮沫，放入蔥、薑，蓋上鍋蓋將排骨煮至 9 成熟（30 ～ 35 分鐘）。

2 馬鈴薯和胡蘿蔔去皮後切成大塊，綠花椰菜掰成小朵狀。

3 將醬汁材料放入碗中，攪拌均勻，即成醬汁。

4 砂鍋裡放入適量的食用油，油燒熱後加入大蒜，炒出香味。

5 倒入馬鈴薯、胡蘿蔔塊和綠花椰菜，翻炒均勻。

6 然後放上煮好的羊排。

7 再將調好的醬汁倒在上面，均勻鋪在羊排的表面。

8 蓋上鍋蓋，小火慢燜。待湯汁變少、黏稠即可。

廚房小語

1. 蔬菜可依自已的喜好搭配。
2. 最好用耐高溫的砂鍋來做，保溫效果好。

地始凍

次候 11月12～16日

透過老媽的「囤貨史」，可以從一棵大白菜背後看到中國式的生活哲學。

誰家陽臺還沒百十來斤大白菜？這就是你沒見過的北方人冬天的囤白菜。大蒜也不能少，一辮子一辮子地掛滿儲藏室的牆，地上排著幾捆大蔥，足能吃到來年開春。

立冬之時，老北京最隆重的入冬慶典，是囤菜。曾經，白菜是一個時代的象徵，冬儲大白菜，儼然成為北京人乃至北方各地人們不可或缺的民間「習俗」。

早年間，由於地理、氣候的原因，冬天整個北方地區都缺少蔬菜。北風一起，冬天一到，人們就開始儲存蔬菜以備過冬，大白菜成為過去許多年裡冬季的當家菜。

在那個歲月裡，街道上白菜都整齊地碼成高高的菜垛（菜堆），等著人們搬回家，成了一道獨特的風景。而家家戶戶的屋簷下，層層疊疊地摞滿了白菜，青綠的葉子齊齊地向外擺放，恰似一道綠色的牆，讓人心裡覺得踏實，也是此後長達半年的肅殺日子裡的一抹難得的綠色。

母親在立冬前就著手整理陽臺，給這些寶貝大白菜騰地兒。等到立冬這幾天，她要出動全家人專門把大白菜全搬運回家。

在不少人的印象中，白菜很普通，並沒有這樣那樣的詩意，它是充滿世俗味道的蔬菜，但在漫長的冬季裡又少不了它。

小時候，我最愛看母親做擂椒白菜，擂椒白菜是一道很有趣的菜，這個菜的做法來自在湖南、四川、貴州等地都很盛行的民間菜擂茄子。擂是捶、搗碎的意思。

母親有著數不清的烹調白菜的方法，就這樣用粗茶淡飯，讓清清淡淡的日子也能過得活色生香，人間有味是清歡不過如此。

| 補腎日 |

立冬日，補腎日。立冬之後，天寒地凍，人體陽氣閉藏。寒為冬季主氣，腎對應冬季，在冬季最主要的功能就是「藏精」。

這時，人體的陽氣也隨著自然界的轉化而潛藏於內，中醫認為，冬天主腎，腎主一身之陰陽，要養陽護陽、補腎藏精、養精蓄銳。

◆ 墨魚肉

立冬補腎陰經典湯方：墨魚乾煲筒骨湯。這個湯立冬後可以時常喝，特別是嶺南地區，這個時節燥氣仍然很重，補腎陰可生津液。

墨魚湯是比較平和的大補湯，老少皆宜。陰虛的朋友，特別是經常熬夜或更年期女性，如果喝了覺得身體舒暢，可以在整個冬天時常做一些來喝。但在感冒、痰多、咳喘以及急性病發作期間不宜喝，女性在月經期也不宜喝。

墨魚肉性味平、鹹，有養血滋陰、益胃通氣、去瘀止痛的功效，《本草綱目》曰：「益氣強志。」白果，就是銀杏的果實，是補心的佳品，是心臟保健的絕佳食材。

節氣食帖

墨魚湯

食材 白果7粒（白果有毒，不可多吃，以燉湯功效最好），墨魚乾1條，筒骨2塊，枸杞20粒，陳皮1塊，薑3片。

做法 用冷水泡發墨魚乾和白果，洗淨後，和以上食材全部放入砂鍋中，加入冷水，燉1小時左右起鍋調味即可。

◆ 黑豆

萬能的神祕黑豆，補腎最應尊重的恩物。

中醫認為，黑豆為腎之穀，入腎功多。《本草彙言》說它「煮汁飲，能潤腎燥」。就是說，如果想讓黑豆發揮更大作用，入腎最快，最好的方法是煮成黑豆水飲用，或將黑豆炒熟泡水喝。

黑豆直接加水煮，先大火煮滾，再小火慢燉，如果喜歡甜味，就在快出鍋時加一點冰糖。我喜歡加一點冰糖，甜甜軟軟的黑豆真好吃。

可以作為一日三餐的粥。

食材 黑芝麻9克，黑棗8克，黑豆30克，黑小米30克，蜂蜜或紅糖適量。

作法 將所有食材放入豆漿機或破壁機中，加適量水，打成米漿，加入蜂蜜或紅糖，即可。

烏豆排骨湯

在我的心裡，黑豆有一股黑色的神祕力量，與其他豆豆比，黑豆被稱為「豆中之王」。

烏豆與排骨煲湯，可以讓食材的營養療效最大限度地發揮出來，調味之後，就是一碗滋味鮮美又滋陰補腎的滋補湯。

食材

黑豆............................50 克
排骨..........................400 克

調味料

鹽..................................4 克
蔥..................................1 段
薑..................................1 塊
清水..............................適量

做法

1 黑豆提前用清水泡 6 小時以上，排骨洗淨斬塊。
2 排骨與清水一起下鍋，大火煮滾，撇除浮沫。
3 加入黑豆，蔥、薑。
4 轉小火，煲 2 小時左右，起鍋前加鹽調味即可。

雉入大水為蜃

末候 11月17~21日前後

冬的故事要開始了，可以靠吃吃吃來「勁補」的節氣終於來了。

自從立秋那天開始，就嚷嚷著要貼膘，其實立冬之後才是貼膘的最佳時機。

老北京人說：立冬補冬，不補嘴空。只有當天氣真正冷下來時，羊才開始上膘，等羊上了膘，人才可以去「貼」。

「北吃餃子南吃鴨」，北方人沉浸在吃餃子的歡樂之中時，南方的朋友們則開啟雞鴨魚肉的進補之旅，許多家庭會做蘿蔔老鴨煲，它醇厚香濃的滋味，溫暖身心，開胃健脾，是立冬日的滋補佳品。除此之外還會吃燉麻油雞、四物雞來補充能量。

臺灣在立冬這一天，冬令進補餐廳高朋滿座，街頭的「羊肉爐」、「薑母鴨」等也火熱開張，天冷了，吃火鍋可以續命——沒錯，你和暖的距離，只差一頓火鍋。

這幾天，連著吃了三次火鍋，兩次是涮羊肉，一頓暖暖的火鍋與嚴冬最溫暖的相遇，從口裡一路暖進心裡。

最愛吃的是大骨頭和菌菇熬製的湯鍋，白色的菌菇高湯底，等開鍋之後先盛一碗湯喝，一勺白湯灌下去，香菜和蔥花的味兒就一起隨著熱氣在口腔裡瀰漫開來，很過癮。

開了一扇窗子，屋裡還是熱氣蒸騰，濃郁湯汁包裹著鮮嫩的食材，暖意在口中蔓延。芝麻醬和香菜末的香氣、骨頭湯裡蘑菇和大白菜的鮮味充滿口腔，一瞬間，整個人都被溫暖包圍著，或許，這就是幸福吧。

養藏有道

古醫書裡的「冬藏」之道。

立冬，是個和收斂有關的詞。中醫有春生、夏長、秋收、冬藏之說。俗語說「冬不藏精，春必病溫」，此時，人的養生也要著眼於「藏」，即天人合一。

元代丘處機撰寫的《攝生消息論》中有：「冬三月，天地閉藏，水冰地坼，無擾乎陽。早臥晚起，以待日光。去寒就溫，無泄皮膚。」

每個冬天要做的事，就是「藏」。早睡早起，把裸露的身體裹暖和，見到太陽再出門是個不錯的選擇。

「宜服酒浸補藥，或山藥酒一二杯。以迎陽氣。」宜服藥酒，或山藥酒一、兩杯，藥酒是冬天的精髓，冬天不喝酒真是白瞎了這麼冷冽的天。

節氣食帖

山藥酒

配方來源《藥酒彙編》。

食材 懷山藥、山萸肉、五味子、靈芝各15克，白酒1000毫升。

做法 將前四味置容器中，加入白酒，密封，浸泡1個月後，過濾去渣，即成。

「飲食之味，宜減酸增苦，以養心氣。冬月腎水味鹹，恐水剋火，心受病耳，故宜養心。」冬季滋補以養腎為先，飲食上要少食鹹味，以防腎水過旺而影響心臟的功能。可以多食苦味食物以補益心臟。

「宜居處密室，溫暖衣衾，調其飲食，適其寒溫……不可早出，以犯霜威。」衣食適其寒溫，不可冒觸風寒。大冷天不要一早出門，以避霜寒的侵犯。

薑母鴨

在寒流來襲的日子裡，三杯兩盞淡酒，怎敵他晚來風急，不妨燉一鍋薑母鴨暖暖身子。老薑的味道全部浸入鴨肉之中，幫助鴨肉的鮮美一絲絲釋放，未揭蓋已然聞到了飄出的甘甜酒香。

薑母鴨，是一道經典的臺式滋補菜，有著悠久的歷史，據《中國藥譜》及《漢方藥典》兩書所載，薑母鴨原是一道宮廷御膳。隨著時光流逝，薑母鴨逐漸發展成為一道美食中的藥膳，常搭配一些中藥材，如熟地、當歸、枸杞子、川芎、黨參、黃芪等，再加入老薑及米酒燉煮而成。此道藥膳妙在氣血雙補的同時，搭配鴨肉的滋陰降火功效，滋而不膩，溫而不燥。

食材

鴨子……半隻
紅棗……5 個
枸杞……10 克

藥材

八角……1 個
桂皮……1 塊
甘草……3 克
草果……1 個
月桂葉……2 片
高良薑……3 克
黨參……1 根
山藥……5 克
陳皮……2 克
黃芪……2 克
五味子……3 克

調味料

薑……300 克
米酒……1 碗
鹽……7 克
糖……8 克
清水……適量
食用油……適量

做法

1 八角、桂皮、甘草、草果、月桂葉、高良薑、黨參、山藥、陳皮、黃芪、五味子放入滷包袋中。

2 紅棗、枸杞用溫水泡軟。

3 薑洗淨，切下頭 2 片不用，一半細切成絲，另一半切成片。

4 鴨洗淨，切塊，冷水下鍋，汆燙，撈出。

5 另起一鍋，倒入油燒熱，放入薑片炒出香味，加入鴨塊煸炒至略乾。加糖、鹽，再加入米酒炒勻。

6 再倒入適量清水，放入紅棗、枸杞和滷包袋，大火煮滾後轉小火煮約 1 小時。

7 出鍋前倒入薑絲，略煮一下即可關火。

廚房小語

廣東米酒一般的超市都有售，最好不要用料酒代替。

小雪

小雪，十月中。雨下而為寒氣所薄，故凝而為雪。小者，未盛之辭。

虹藏不見……天氣上升，地氣下降。閉塞而成冬。

——《月令七十二候集解》

虹藏不見

初候 11月22～26日

清人著作〈真州竹枝詞引〉載：「小雪後。人家醃菜，曰『寒菜』……蓄以禦冬。」

早時，冬天物資匱乏，民間有著「冬臘風醃，蓄以禦冬」的習俗。

老家有句俗語：「小雪醃菜，大雪醃肉。」這既是節令的習俗，也是歲月的迴響。

母親她老人家擅長製三樣小菜：醃蘿蔔、醬黃瓜、醬花生米。這幾樣小菜，可以說是家傳三代的祕製醬醃菜。

「咱媽做的醃蘿蔔太好吃了，還有嗎？」朋友打電話問。

不就一罐醃蘿蔔嗎，都咱媽了，不至於吧！我都被她的話驚到了，終於知道，有一個會做一手好醃菜的媽媽是可以拿出去炫耀的。

曾經看過利利．弗蘭克（Lily Franky）的《東京鐵塔》，以淡雅而又真實感人的筆觸，表達了對母親的深切追憶，他寫道：「為了讓我早上可以吃到好吃的醃醬菜，媽媽總是定好鬧鐘，半夜起床攪拌米糠。」

從淡淡的敘述當中可以感受到，媽媽牌醬菜代表的是母親的牽掛。這本書令很多人重新記起這種已經被人遺忘的食物，勾起許多昔日的回憶。

我一般是不買醬醃菜的，因為家中有一個做醬醃菜的方子，是母親留給我的，也是外婆留給母親的，可以說是沿用三代的方子。我常常醃上一些醬醃菜放在冰箱裡，也不用多做，吃完後可以再做。

每天早上，喝碗粥，配上喜歡的小醃菜，只餘一個「妙」，而且這「妙」還在親情與思念之先。

十月火歸臟

農曆十月後「火歸臟」，陽氣收藏入裡，人外燥內熱是主旋律，但南北有些許不同。

南方暖寒交織，身體易外寒內熱，內外都有些燥，宜於吃些宣利肺氣、通潤腸道的菜。

芥菜一直是「老廣」心目中最喜愛的蔬菜之一，所以，廣東人有一句粵語俗語：十月火歸臟，唔離芥菜湯。

「老廣」專治上火感冒的生滾湯，我最服這一款——芥菜煲番薯湯。

番薯也叫紅薯、地瓜等。芥菜和番薯的搭配貌似有點奇特，但在廣州的老牌粵菜館，隨處可見這煲湯的身影。

鮮芥菜煮番薯，芥菜性平偏涼，氣辛、宣利肺氣；番薯味甘、潤腸和中，有內外宣通之功，宣解由風寒外襲而致的感冒表證，清火又通氣，還可通便秘「輕身」。

粉番薯 1 個，大芥菜 3 棵，2 片薑，豬脊骨 300 克，也可以搭瘦肉片、魚頭、鹹蛋之類的食材，甚至可以什麼都不搭，芥菜不要煮過久，煮得軟熟又不太爛就剛剛好。

北方室內暖氣熱燥，易犯風溫肺熱，吃些清甜辛辣的蘿蔔，正好清肺熱、順氣降濁。

《本草綱目》中記載蘿蔔能「大下氣，消穀和中，利五臟」。可以說，蘿蔔是五臟的「和事佬」。

蘿蔔吃法：生吃蘿蔔通氣，熟吃則下氣。挑自己喜歡的方法吃吧，怎麼吃都有益。

汽鍋鴿子湯

汽鍋，可謂是最復古的鍋具。

汽鍋雞可是大名鼎鼎，早在兩千多年前就在滇南民間流行。汪曾祺在《昆明的吃食》中寫雲南汽鍋：「昆明人碰在一起，想吃汽鍋雞，就說：『我們去培養一下正氣。』……汽鍋雞的好處在哪裡？曰：最存雞之本味。」

汽鍋鴿子湯，是按汽鍋雞做法來烹飪鴿子，鴿肉鮮味在蒸的過程中流失較少，所以基本上保持了鴿肉的原汁原味。

汽鍋鴿子湯中的鴿肉鮮嫩，菌菇醇厚，味道特別鮮香，營養豐富，喝上一口就會讓你體會到非凡的鮮美。

食材

乳鴿……1隻
乾松茸……30克

調味料

薑……1塊
蔥……1段
鹽……2克
胡椒粉……適量
黃酒……30克

做法

1 蔥、薑切片，黃酒備好。
2 乳鴿洗淨，切塊。
3 乾松茸泡軟。、
4 汽鍋中先放入乳鴿、蔥、薑，再放入泡好的乾松茸。
5 倒入黃酒。
6 汽鍋放入砂鍋上，墊上一圈布防止漏氣，加足量水保持沸騰狀態，蒸3小時。出鍋後加入鹽、胡椒粉即可。

廚房小語

1. 汽鍋裡不用加水，蒸汽可以透過汽鍋中間的汽嘴將鴿子逐漸蒸熟，湯汁由蒸汽凝成。
2. 蒸的過程時間較長，最好在下面的砂鍋裡一次放足水，中途要注意觀察，鍋不要燒乾。

天氣上升，地氣下降

次候 11月27日～12月1日

沒有「老乾媽」的年代，冬天要用番茄醬續命。

在沒有大棚蔬菜之前，每當天寒地凍，人們再也尋覓不到新鮮食物，一瓶番茄醬便是漫長蒼白的日子裡最為深刻的味道。

做番茄醬，全家總動員的場面很是壯觀，最讓人難以忘懷。但隨著時代的變化，如今自製番茄醬已沉寂了。

夏天，番茄大量上市時，也正是暑假期間，母親就會動員全家人做番茄醬。

那時的番茄醬做法很簡單，就是原始保存法，也沒有專用的玻璃瓶，用的是醫院裡的葡萄糖輸液瓶，是母親托熟人從醫院裡找來的。

做番茄醬前，先把瓶子洗淨，然後放在大鍋裡煮沸消毒。番茄切碎，瓶口放個乾淨的漏斗，把切碎的番茄用湯匙舀起來裝到裡面，有時候會堵住漏斗，就找根筷子往下捅。待全數瓶子裝到九分滿後，還要上鍋蒸 30 分鐘。番茄醬中沒有任何添加物，就是番茄的原汁原味。

全家忙得不亦樂乎，為的是能在數九寒天裡，根本沒有番茄售賣時，能拿出一瓶番茄醬做菜。彼時，在手裡捧著的碗中能看到番茄那嬌豔小模樣的人，簡直就是王者。

上清四秘

上清四秘，是道家上清派推崇的四種養生食物，它們分別是：蘿蔔、白菜、豆腐、生薑。

不就是最普通的食物嘛，是不是覺得自己上當，被騙了？「蘿蔔白菜保平安」，這句話聽說過吧，它來自民間，尤其是北方。白菜能利腸通便，蘿蔔可順氣，常吃蘿蔔白菜，便可以清腸通濁氣。所以大白菜加蘿蔔，相當於黃芩加半夏。

如今的人，思慮過多，上熱下寒，多吃大白菜，可將相火從食道往下降，將氣往下收斂，又可通腸道，相當於清熱解毒。

大白菜，以葉為主加水煮，不加油鹽，可放少許去皮生薑（生薑皮性寒，肉性熱），白菜煮得爛一點。每次一大碗，連吃三天，你會發現大便通暢了。

生薑最早見於《神農本草經》，它「久服通神明」。《論語》記載孔子說過：「不撤薑食，不多食。」每次吃飯，他都要吃薑，但是每頓都不多吃。生薑功效可使人神氣交通，可解魚蟹毒，也可溫脾陽，止嘔逆。

豆腐，是替代肉類製品的絕佳選擇，豆腐等豆製品含豐富蛋白質，且無膽固醇過多之憂。

豆製品中比較好消化的是豆皮、腐竹，尤其是頭漿豆皮，它是頭道豆漿上的油皮挑起做的，就像米油，是黃豆的最精華。

道家修身養性，這些最樸素的東西，竟然是上清派修身的「上清四秘」，大道至簡，方為長生久視之道。

柿餅蘋果前菜

我始終認為，每種食材都應該在最適合的時間去到每個人的胃裡。

小雪時節，正是柿餅上市之時。柿餅蘋果前菜，盡極簡主義之能事，食材輕盈，每種味道絕不喧賓奪主，特立獨行，且保留了每樣食材的自然本味。

食材

柿餅……3 個
蘋果……1 個
紅皮蘿蔔……1 個
混合乾果……20 克
埃曼塔起司……適量

調味料

蘋果醋……20 克
橄欖油……3 克
白蘭地……5 克
鹽……1 克
黑胡椒……適量

做法

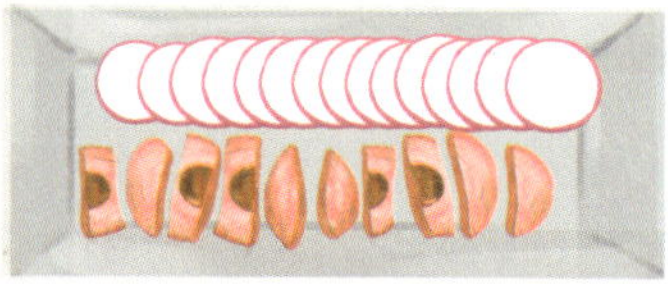

❶ 柿餅切塊，紅皮蘿蔔切片。

❷ 蘋果去皮，切片，泡入淡鹽水中，防止氧化。

❸ 將蘋果醋、橄欖油、白蘭地、鹽放入調味料碗中，磨入黑胡椒粒，調均成醬汁。

❹ 柿餅、蘋果、紅皮蘿蔔、混合乾果放入碗中。

❺ 擦入埃曼塔起司。倒入醬汁，拌勻即可。

廚房小語	沒有埃曼塔起司，可以不放。

閉塞而成冬

末候 12月2～6日

糖葫蘆、金糕、鐵山楂。

冬天成就了糖葫蘆的名聲，讓它裹一層不敗的糖衣，在老北京的胡同裡閃閃發亮。它已成為老北京的一種象徵，一張城市的名片。

《燕京歲時記》中有記冰糖葫蘆：「甜脆而涼，冬夜食之，頗能去煤炭之氣。」

金糕又名京糕、山楂糕，始於清代，當時清朝滿族人把它叫作「金糕」，是十分金貴的意思。

鐵山楂知道是什麼嗎？就是山楂卷。

這三種主食的主角都是山楂，又名山裡紅、紅果、山楂胭脂果等。分南山楂和北山楂。

深秋蕭條意，最愛山裡紅。

山裡紅幫助消化，而且特別消肉食積食。小食方：炒紅果，其實不是「炒」，而是加糖煮，沒什麼難度，「小白」也一次就可成功。

◆ 消積健胃小食方

小兒傷食，化積導滯。小食方：山楂麥芽飲，把山楂、麥芽一起煎 15 分鐘，加入適量紅糖飲用。

◆ 活血化瘀小食方

有血瘀型痛經的女性，可借助山楂的化瘀之力。小食方：紅糖煮山楂。

◆ 強心、降血脂、降血壓小食方

適合高血脂、高血壓和冠心病患者。小食方：山楂加些紅棗或少量紅糖煎水喝。

◆ 補肝益腎小食方

適合病後體虛乏力、食欲不振、消化不良、腰膝酸軟者。小食方：山楂枸杞飲，二者加沸水沖泡當茶飲，在平時可以經常喝，有非常好的保健功效。

山楂雖好，但多吃耗氣，小孩尤其不能多吃，空腹或身體羸弱、病後體虛者忌食。孕婦少吃或不吃，易促使宮縮，誘發流產。

三黑四冬

路過全世界，請不要錯過這些。

小雪時節飲食還要注意滋補肝腎，清瀉內火和保養肌膚。推薦補腎禦寒吃「三黑」：黑豆、荸薺和黑米。

◆ 黑豆

黑豆色黑，善收藏，能入腎。黑豆性味甘寒，所以滋養的是腎陰，具有降濁之力，瀉中帶補意，補而不膩。但腎陽虛的人吃黑豆就不合適了。

◆ 荸薺

荸薺有抗菌清熱、瀉內火的功效，很適合初冬食用。

◆ 黑米

黑米具有滋陰補腎、健身暖胃、明目活血、清肝潤腸等功效，可入藥入膳。冬季氣候寒冷，人們多選擇高熱、高脂的食物進補，非常容易造成體內積熱，千萬別忘了搭配冬日「四冬」。

◆ 冬筍

冬筍具有滋陰涼血、和中潤腸、清熱除煩的功效，且膳食纖維含量高，可降低胃腸道對脂肪的吸收和積蓄。冬筍有「百搭配頭」的盛名，但冬筍含有草酸，草酸容易與鈣結合成草酸鈣，故冬筍在炒食前應在開水中汆燙一下，去掉草酸。

◆ 冬菇

冬菇又名香菇，素有山珍之王之稱，是高蛋白、低脂肪的食用菌，能提供人體所需的多種維生素，可促進體內鈣元素的吸收，增強免疫力。

◆ 冬瓜

冬瓜利尿消腫、清熱解毒。冬瓜水分多而熱量低，可防止體內脂肪堆積。冬瓜宜與鴨肉、火腿、口蘑、海帶等食物一起烹調，食療效果好。

◆ 冬棗

冬棗含有人體所需的多種氨基酸、維生素，尤其是維生素 C 含量較高，有助於提高人體免疫力。此外，它還含有豐富的糖類以及環磷酸腺苷等，能有效保護肝臟，保護心血管。腹部脹氣者、糖尿病患者不宜多食，胃炎、胃潰瘍患者吃冬棗時應去皮。

咖啡排骨

咖啡排骨，暖暖的味道。

用咖啡做菜你聽說過嗎？吃膩了粉蒸排骨或者糖醋排骨，不妨試一下用咖啡粉做排骨吧。

咖啡排骨，是新加坡名廚在一場國際烹飪比賽中的一道深受好評的獲獎菜餚。咖啡排骨其實做法很簡單：排骨加咖啡煮熟，最後調一點調製奶水增香。咖啡排骨從裡到外透著一股大家閨秀的氣質，出場後驚豔四座，讓評委們都不禁食指大動。

食材

豬肋排……400 克
即溶咖啡粉……2 包
三花調製奶水……30 克

調味料

鹽……適量（醃製用）
鹽……4 克（勾芡用）
糖……8 克
澱粉……適量
冷水……適量

做法

1 肋排洗淨，斬塊。將鹽、澱粉、咖啡粉 1 包拌勻加入肋排，醃製 15 分鐘左右。
2 將另 1 包咖啡粉加冷水化開，放入鍋中，倒入醃製過的排骨。
3 大火煮沸後用小火蓋燜，慢慢收汁，時間約 30 分鐘。
4 汁收得差不多時，加入鹽、糖，勾薄芡，最後放三花調製奶水，拌勻即可。

廚房小語

1. 選擇肉小排來做這道菜。要用即溶咖啡粉，不然會有咖啡渣，具體口味可以按個人喜好選擇。
2. 調製奶水一定要等勾完芡最後倒入，不但能使排骨更加香濃馥郁，還能鬆化肉感。

大雪

大雪，十一月節。大者，盛也。至此而雪盛矣。

——《月令七十二候集解》

鶡旦不鳴

初候 12月7～11日

小雪醃菜，大雪醃肉。大雪節氣一到，家家戶戶忙著醃製「鹹貨」。

小時候，很是抗拒臘味，總覺得有一種老房子裡的陳年舊味，以及偶爾放縱的木質香。然而，等到一個合適的年齡，一定會懂得臘味的滋味。

母親總是在每年的大雪節氣做臘肉。母親醃製臘肉的方法很簡單：首先將新鮮豬肉切成長條形大塊，然後用鹽均勻地塗抹在豬肉表面，鹽的用量也只是憑著感覺來放，並不是一味地重鹽強醃，所以，母親做的臘肉，總是那麼恰到好處。

將肉塗上鹽後，母親就把肉裝在一口大缸裡，醃製兩、三天後，再將醃肉取出，掛在陽光下晾晒。那時小小的陽臺晒著自家用鮮肉醃製的臘肉，北面亭子間窗下，掛著自家製的乾菜。

暖暖陽光裡，欄杆上掛著、晾著的臘肉，在陽光下散發著誘人香味，有一種令人感動的舊時光、老光陰的煙火氣。

母親告訴我：「吃臘肉，一定要懂得挑肥揀瘦，否則就會吃虧。」那時，不太明白這其中的道理，因為無論肥瘦，都不歡喜臘肉的味道。

自從遠離父母，遠離故土，才知臘味有多香。

那時，每年母親都會留一些臘肉給我，等我回家時吃，返程時再帶一包走。若是有一年回不了家，母親還會打包好寄過來給我。臘味小炒，用的是母親做的臘肉，偏鹹，而醃漬過程中的煙火氣，卻使滋味加濃。

| 避寒就煦 |

有一種冷叫忘了穿衛生褲，有一種暖叫來碗熱湯。

大雪時節，已進入年終歲尾，主氣太陽寒水，陰濕之氣凝聚在天地之間，此時最損人的正氣，感冒咳嗽等時氣病會增多，而且好得慢。唯有避寒就煦，保暖護陽。

反季菜不利陽氣收斂，易使心腎之氣上浮外泄。應多吃應季的蘿蔔、白菜、馬鈴薯、紅薯等根莖類蔬菜，吸收收藏之氣。

大雪時節，天地間的氣仍然較虛，可食溫補的大雪養藏湯。

節氣食帖

大雪養藏湯

食材 生栗子 6 個，生核桃 6 個，蓮子 6 個，枸杞 15 克，葡萄乾 15 克，陳皮 5 克。

做法 蓮子提前浸泡，然後將所有原料一起下鍋，加水煮滾後，再煮 40 分鐘即可。

此湯是一家老少都適合飲用的固腎、補五臟的冬季滋養湯品。

氣溫一降，人體陽氣受遏，富含蛋白質或脂肪，且熱量較高的禦寒食材自然備受青睞。

但體質陰虛血燥之人，牛肉、羊肉或狗肉等不能多吃，否則極容易上火，就像一堆乾草遇火就著，出現長痘、口舌生瘡、咽喉疼痛、便秘等燥熱陰傷、邪熱傷絡的症狀。

容易上火的人，可適當進食性平味甘、滋陰清熱、固腎養肝的溫熱補陽之物，如酒釀鴨肉湯、烏雞湯、墨魚乾湯、栗子核桃小米粥等，多加食生薑等溫通之物。也可飲黃酒少許，活血化瘀。

此外，冬季烹肉，可適當加入沙參、玉竹、石斛、黃精、枸杞子、桑葚子等藥材，既美味又滋補，補益虛損、滋養身體，助人安然過冬。

川味臘腸

過冬不吃點臘味，心會發慌。

沒有冰箱的年代吃貨吃肉是靠「臘」的，臘腸只是臘味的一種，還有臘肉、臘鴨、臘魚、臘排骨，等等。

古人認為，製作臘味必須要趕在臘月開始之前，也就是冬月就開始動手準備，這樣可以趕上臘月開始的時候熏製，不會錯過「臘氣」。

每個冬天，大概所有的豬都有一個被做成臘肉的夢吧。

食材

肥瘦豬肉……2500 克（肥瘦比例爲 3 ： 7）
豬腸衣……5 公尺

調味料

鹽……75 克
辣椒……20 克
花椒……15 克
麻椒……10 克
白糖……10 克
醬油……25 克
白酒……25 克
酒釀汁液……100 克

做法

1 腸衣用清水浸泡 15 分鐘，然後撒上適量的鹽反覆搓揉 3～4 次，再用清水洗去表面的鹽，最後換成清水加幾滴白酒浸泡，可以去腥。

2 辣椒放入鍋中炒香，打成粉；花椒、麻椒放入鍋中炒香，打成粉。

3 豬肉削去筋膜，瘦肉切成 4.5 公分長、2 公分寬、0.5 公分厚的肉片，肥肉切成 1 公分見方的小丁。

4 肉丁中加入鹽、酒釀汁液、白酒、辣椒粉、花椒粉、麻椒粉、白糖、醬油。

5 戴上一次性手套將餡料攪拌均勻，然後沿著同一個方向攪打，直到肉變得有黏度。

6 用灌腸機將醃好的肉從筒口灌入腸衣內，直至飽滿。

7 用針在灌脹的腸衣上戳出若干小孔以便排氣。

8 每隔 10 公分處打 1 次結。

9 將做好的香腸掛在陰涼通風處，避免陽光直射，否則容易變質。

廚房小語

1. 1 公尺腸衣大約能灌 1 斤肉，可根據肉的多寡購買腸衣。
2. 肥肉一定要切小丁。
3. 辣椒、花椒先用小火焙香。自己做的比買的辣椒粉、花椒粉味道更好。

虎始交

次候　12月12～16日

腹三層，非一日之饞也。

「冬天進補，開春打虎」，此時宜溫補助陽、補腎壯骨、養陰益精。

而對母親來說，所謂的補，無非就是一碗肉。

「吃塊吧？」

「我減肥，不吃啦！」

「來塊吧？」

「不吃啦，都說了減肥啦！」

說不吃的語氣一聲比一聲沒底氣，終沒抵擋得住母親放到面前的那碗櫻桃肉。

小小的蒸碗裡，盛著巴掌大的一方。櫻桃肉，用五花肉做的，有人說五花肉是中國美食中最香豔之物，有著危險的美麗，它那「用心險惡」之美，幾乎令人步步驚心。

你的窈窕身材，會讓這風月無邊的五花肉給毀了。無論是誰，在這霸道的肉香中，都無法再做「貞節烈女」，都會被那令人目眩神迷的味道，折磨得欲罷不能。

我為此也幡然醒悟：小腹三層，非一日之饞也。

櫻桃肉是蘇州傳統名菜，是紅燒肉的一種。在江南生活的那二十年間，母親深喜這道菜，每次做櫻桃肉時，還會加一點紅麴米粉，母親說這才是正宗的做法，是區別於一般紅燒肉的做法，可以讓櫻桃肉有錦上添花、人前顯貴之妙。

其實，我很喜歡母親的那碗櫻桃肉，它不僅是一碗櫻桃肉，還是我那時所有記憶，甚至盛載了我當時的心情。雖然大多數時候我們的日子過得只剩「斷壁殘垣」，但是仍不妨礙有一碗誘人的櫻桃肉。

|順時食粥|

好吃的食物終成眷屬。

古代醫家對各種糧食的功效了解得極為細緻，能把這些尋常食材透過恰當的搭配吃出大補效果的，這就是粥。

北宋張耒在《粥記》裡說：「晨起，食粥可以延年，予竊愛之。」明代李時珍很欣賞他的高見，把他這句話寫進了《本草綱目》。

白米，補的是脾胃之氣。小米，補的是元氣。糯米，補的腎氣。黍米，補的是肺氣。麥仁，補的是心氣。特別是小米，古代稱為「穀神」。

自古以來，國家被尊為「江山社稷」，「社」是什麼，「稷」又是什麼？社是土地神，稷是五穀神，以稷為百穀之長，因此被帝王奉為穀神，這個稷，其實就是小米。這也是在中國從南到北，女人生完孩子都要喝小米粥養身體，小嬰兒副食品首選也是小米湯的原因。

冬季補腎養藏的三個階段，如何順時食粥？

◆ 初冬：立冬到大雪

初冬的氣溫還是很低，此時宜平補，除了開始吃羊肉補腎陽以外，還可以用芡實、山藥、栗子等，搭配著煮碗粥。淮山白果枸杞粥，可以健脾固腎，讓脾胃強大起來，能自癒諸虛百損。

◆ 仲冬：大雪到小寒

仲冬既要補得進來，又要藏得住，要吃核桃仁、枸杞子、黑豆、黑芝麻、葡萄乾，這些種子專補命門，能讓腎氣歸元。可以用栗子、核桃、枸杞、陳皮煮粥來喝。如果你覺得這個粥澀味重，說明你有些陰虛胃燥，可以加入蜂蜜和甜百合來調和。

◆ 深冬：小寒到立春

深冬除補腎之外，還要補心。要吃糯米、豇豆、豬腰固腎氣，壯腰膝，適宜飲酒，防止寒濕滯留體內。適宜的粥方有芡實麥仁大棗粥、墨魚乾粥。

在冬季喝的陳皮粥，可以比作「陳皮人參湯」。但如果只煮陳皮水，就沒有這「人參湯」的功效了。也可加核桃仁，煮成陳皮桃仁粥，還有麥棗安心粥、補氣黃芪粥、生薑大棗粥、蓮子糯米粥、茯苓粥，都有進補的作用。

涼拌茴香球

小小一顆茴香球，看上去像放大版的芹菜根，不見幾片葉子，散發著淡淡的茴香味。

茴香球質地脆嫩，可以煮湯，可以泡茶，還可以做香料。茴香球獨有的甜味和香味有健胃促食欲作用，較高的鉀含量也極有益於心血管健康，是一種很好的減肥蔬菜。

食材

茴香球……2個
胡蘿蔔……1個
香椿苗……30克

醬料

檸檬……半個
橄欖油……3克
蘋果醋……15克
鹽……2克
蜂蜜……適量

做法

1 茴香球切掉頭尾，洗淨；檸檬擠汁備用。
2 將茴香球、蘿蔔切絲，和香椿苗一起放入碗中。
3 橄欖油、蘋果醋、鹽、檸檬汁、蜂蜜，放入調味料碗中攪勻，即成醬汁。
4 將醬汁倒入碗中，拌勻即可。

荔挺出

末候 12月17～21日

一場薄雪，不成敬意。

冬雪盛降的時節，日照漸微，萬物蟄伏。未見落雪的南方城市，也已迎來凜冽的朔風，將僅存的一點餘溫一掃而盡。

中醫認為寒為陰邪，最寒冷的節氣，也是陰邪最盛的時期。家裡有糯米酒的，無論是客家娘酒（黃酒）、酒釀，趁著天冷，都可以拎出來吃吃啦。

糯米消寒，能固腎氣，但性黏膩，稍微吃多一點就不消化，很容易吃出便秘或痰濕，那麼可以吃酒釀，既禦寒，還能補血活血祛瘀。酒釀有「百藥之長」的美稱，是醫藥上很重要的輔佐料或「藥引子」。

酒釀舊時稱醴，「上古聖人作湯液醪醴」，如今不同地域仍有著不同叫法，醪糟、酒糟、甜米酒、伏汁酒，做法大抵相差無幾，皆以糯米為底。

雪已停，天已晴，學著母親曾經的做法，動手做一回酒釀。母親製作酒釀時，一般用的是圓潤飽滿的白糯米，我喜歡用雲南墨江的紫糯米來做。

做酒釀，說它繁複，也只需三日；說它簡單，每一個步驟又都極其細緻。

紫糯米須浸泡 24 小時，這樣做是為了能把米蒸透，注意是蒸不是煮，蒸好後糯米要粒粒分明。

酒釀的口感好不好，取決於水的多少。水不能多加，如果米粒吸飽水，口感就會軟爛。蒸好晾到微熱的時候，加溫水攪拌，加到米飯鬆鬆的，但是又看不到水的影子。放在30℃左右的環境中發酵兩、三天，夏天直接發酵，冬季可以放在酒釀機裡或者暖氣附近。

酒釀可做補氣驅寒的雞蛋酒，也可做驅寒固腎的糯米酒釀雞，還有，燉雞、燉肉、燉鴨都可以加一勺進去，可以把香氣提升八度。

不適合吃的人：舌紅少苔，平時怕熱、多汗、臉上長火痘，手足心熱的人，以及感冒、發熱、咽喉疼痛者，還有孕婦，都不宜吃酒釀。

| 養勿過偏 |

除了吃飽，還得關心吃得好不好。

俗話說：三九補一冬，來年無病痛。有人把「補」當作養，於是食必進補。

但是「養勿過偏」，不要以為冬季陽氣潛藏，就一味地補陽，而應在補陽的同時養護陰精。

在這裡撇開大魚大肉，單就大雪節氣介紹幾個清淡而又滋補的食方。

節氣食帖

五行益壽養心粥

心主血脈，心氣旺盛、心血充盈則面色紅潤而有光澤。此粥能強壯心臟、滋養心血，還能延緩衰老。

食材 去核紅棗20枚，去心蓮子20粒，葡萄乾30粒，乾黃豆30粒，黑米的量以人數為宜。

做法 將以上5種食材浸泡一宿，共同煮爛後即可食用，或放入破壁機中打成糊也可。

一味薯蕷飲

薯蕷就是山藥。山藥脾腎雙補，在上能清，在下能固，能滋陰又能利濕，能滑潤又能收澀，既補肺補腎，又兼補脾胃。

進補如一柄雙刃劍，進補時往往會帶來濕膩的弊端。但山藥性平和，是不會讓大家產生後顧之憂的。

食材 生山藥適量。

做法 切片，煮汁2大碗，以之當茶，不拘時，徐徐溫飲之。或用破壁機將山藥加水打成漿，也好喝。

一直以來核桃都是人們認為可以補腦的食物，這個觀念要變通一下了。

《馮氏錦囊秘錄》記載胡桃肉：「稟火土之氣以生，味甘、氣熱、無毒。以性潤而多熱，故為益而補命門之藥」，「空腹時連皮食七枚，大能固精壯陽」。

事實上，核桃除了能補腎、強健筋骨，更偏向於滋補人體的「髓」。溫肺暖腎的核桃奶，能補命門之火啊！

節氣食帖

養腎核桃奶

食材　核桃仁50克，杏仁15克，牛奶250克，冰糖10克。

做法　用食物調食物調理機將食材攪拌成細膩的漿，再倒入鍋中熬煮10分鐘左右；或者把所有材料放入豆漿機，打成豆漿或米糊。

糯米酒釀雞

這碗糯米酒釀雞下肚，感嘆雞在大雪時節死得值。

糯米酒釀雞可以驅寒固腎，還能補血活血祛瘀，所以非常值得一學。

先將雞蒸熟後斬塊，放入墊有糯米酒釀的砂鍋中，再倒入足量米酒，短時間煲製，無須加水，酒香味更加濃郁，喝一碗，從頭暖到腳。

食材

小母雞……1 隻
酒釀……300 克
紅棗……4 個
枸杞……2 克

調味料

鹽……適量
米酒……適量

做法

1 小母雞用清水浸泡 30 分鐘，撈出瀝乾，直接入蒸鍋大火蒸 30 分鐘。
2 砂鍋中放入酒釀墊底。
3 取出雞後斬塊，均勻地排放在酒釀上，再撒枸杞和紅棗。
4 倒入米酒，沒過食材表面，用鹽調味。
5 大火煮滾後，改小火煲 10 分鐘，上桌即可。

冬至

冬至，十一月中。終藏之氣至此而極也。

蚯蚓結。六陰寒極之時，蚯蚓交相結而如繩也。

麋角解。說見鹿角解下。

水泉動。水者，天一之陽所生，陽生而動，今一陽初生故云耳。

——《月令七十二候集解》

蚯蚓結

初候 12月22～26日

又是一個餃子節。你們北方人怎麼又吃餃子啦？

在北方，冬至就是「餃子族」的節日，對北方的廣大人民來說，餃子是一種神奇的食物，任何節日都可以吃，簡直是節日的必吃食物，從年夜飯吃到入伏，從夏至吃到冬至，好像只有餃子，才能慰藉北方人無處安放的靈魂。

端午和中秋，若不是粽子和月餅這兩樣偉大的吃食搶占了先機，真說不定，北方人全年所有節日都要吃餃子。

北方人甚至還可以透過餃子來識別節氣：吃到香椿餡，春天來了；吃個黃瓜餡，別問，肯定是八月；秋天來了，一問吃什麼餡兒啊，那準是茴香的；至於冬天，頓頓都是豬肉白菜餡。

北方人吃餃子，最常見的餡，除了大白菜，就是韭菜和茴香。

茴香，可以說是占了北方餃子界的半壁江山。

在北京，在天津，在山東，乃至在整個華北平原上，都有茴香綠意盎然的身影，它的香是妖嬈的，漫溢得跟水似的。你毫無戒備地一鼻子撞進去，馬上會被這香氣纏繞，得拚命掙扎才能鑽出來。它也是我最愛的餃子餡。

離家多年，起身的餃子，落身的麵，這風俗令我幸福和憂傷。每當回家時，母親都會為我準備一碗飄著清香、溢著家的氣息的麵。當她把麵端到我的面前，頓時，長途旅行的勞累一掃而光。此時，我總會發自心底地道一句：還是家好。

當我再次離開家時，母親總忘不了為我包的起身餃子。這碗餃子，也越發變得讓人憂傷，知道離開家的時刻到了。

| 活子時 |

所謂子時，是指晚上 11 點到次日凌晨 1 點，子時一陽生發，也是新的一天的開始。

冬至，是一年當中的「活子時」，既是陽氣收藏到極限，又是新生的一剎那。陽氣重新生起來，這陽氣是第二年萬物生發的原動力，所以稱為「命門元氣」。

一年走到冬至這個時節，是特別需要養一養身體的，因為「氣始於冬至」。進補的時候是真的到了，因為這時消化力特別強，補品吃進去，營養容易吸收。

黑豆燉海參，可補腎家虛損，力可回天，是《圓運動的古中醫學》中一個食療方。

民國時期著名醫家彭子益在《圓運動的古中醫學》中說：「凡補品，多數皆有偏處，或生脹滿，或生燥熱，種種不適，功不抵過……惟此方，服之愈久，神愈清，氣愈爽，服之終身，不僅能卻病延年而已。」

這個食方也簡單，「此方一為血肉之品，一為穀食之精。海參大補腎中陽氣，黑豆大補腎水。水火均足，水靜風平，疏泄遂止。凡腎家虧損，及年老腎虛，真有不可思義之妙」。

以上我引用的都是原文，說得很清楚了，這些食材食性平和，吃起來無須辨陰陽，反正是統統都補了。

節氣食帖

黑豆燉海參

食材 海參2個，黑豆30克，不帶油的火腿1片，薑1片，清水適量。

做法 海參提前用溫水泡2天，發透需中間換水2次。清理海參肚中泥沙，繼續泡。最後取出泡發好的海參放入鍋中，加水、薑、火腿、祕製黑豆或泡好的黑豆，大火煮滾後用小火慢燉1～2小時，出鍋加鹽調味即可。

海參的精華全在湯中了，吃豆吃海參喝湯。海參每天吃1條即可。冬至後，小寒、大寒這段時間吃更好。

金湯海參的「金湯」以南瓜蓉熬成，滷汁黃亮，果味甘甜。香濃的湯汁在口中充盈瀰漫，味道清香淡雅，再將海參送入口中，享受海參肉的柔軟綿密，嫩糯而不膩。

海參自古被認為是滋補的聖物，被譽為海底的人參，有益精血、補腎氣、潤腸燥的功能。而南瓜，清代名醫陳修園曾稱讚其為「補血之妙品」。

金湯海參這道菜營養豐富、易於消化，非常適合老年人與兒童，以及體虛身弱者滋補養身。

金湯海參

食材

泡發海參……3個
熟南瓜……200克
白玉菇……150克

調味料

鹽……2克
料酒……10克
麵粉水……適量
香油……適量
清水……適量
雞湯……1碗

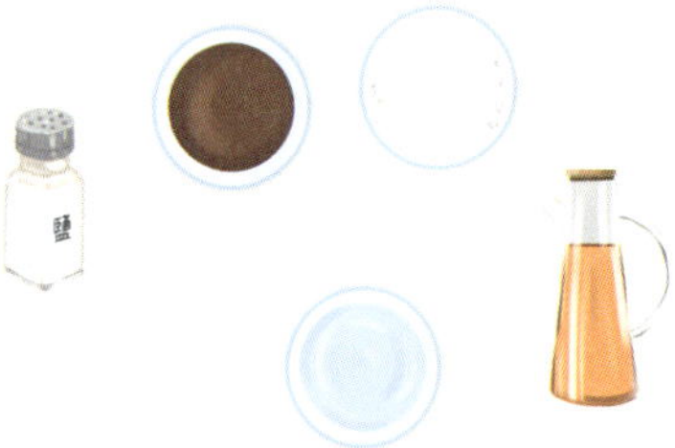

做法

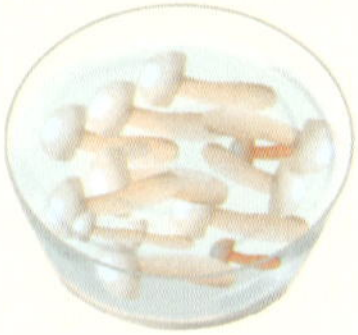

❶ 白玉菇去根，用淡鹽水浸泡 10 分鐘，撈出瀝乾水分。

❷ 熟南瓜放入食物調理機中打至順滑成泥。

❸ 鍋中加雞湯和清水，放入海參、白玉菇、料酒，煮 5 分鐘。

❹ 加入南瓜泥，不斷攪拌，煮滾。

❺ 煮滾後加一點鹽調味。最後開大火，用麵粉水勾薄芡，淋點香油就可以出鍋了。

廚房小語

1. 海參也可以切片。海參本身沒有味道，故需用雞湯入鮮味。
2. 若是不追求口感，可以省略將南瓜放入食物調理機的步驟。

麋角解

次候 12月27～31日

小的時候，母親每到冬天都會做一些凍豆腐，用來燉白菜、燉魚、燉排骨、燉鴨子，那滋味莫名其妙的好，不容你多想，香味就撲面而來。

那時，家裡沒有冰箱，得等到數九寒天，氣溫低到零攝氏度以下，才能吃到母親做的凍豆腐菜。不像現在，把豆腐放到冰箱裡就萬事大吉，隨取隨吃。

母親做凍豆腐時，把豆腐切成大小均勻的小塊，先澆一遍開水，然後拿出去放到屋簷下面頃刻上凍，水越熱，凍得越結實。

當時我感到很奇怪，問母親為什麼要澆熱水？

母親給了我一本書，是晚清夏曾傳的《隨園食單補證》，裡面寫道：「豆腐一凍，便另有一種風味。如秀才一中，便另有一種面目也。又如世家子弟，剛落魄時，自有一種貧賤驕之之態。凡作凍腐，須滾水澆過，掛簷際，頃刻即凍，水愈熱，凍愈堅。可知極熱鬧場中，便是飢寒之本也。」

可知極熱鬧場中，便是飢寒之本也。這話說得極好。夏曾傳從一塊小小的凍豆腐裡，把人生的波折起伏、無法料想都演繹到了極致。

翻看曹雪芹的《紅樓夢》，第六十三回〈壽怡紅群芳開夜宴，死金丹獨豔理親喪〉，麝月抽的那支花籤，籤上畫了一枝荼蘼花，題著「韶華勝極」四字。

韶華勝極，正是那「可知極熱鬧場中，便是飢寒之本也」。那烈火烹油、鮮花著錦的日子，繁華似夢，盡美方謝，大觀園的女兒們千紅一哭，萬豔同悲。

我合上手中的《紅樓夢》，放在桌上。面對繁華似錦的世間，再如錦的日子，風吹浮世，到最後，多少事情一定以平淡為好。

| 冬至湯 |

不論在哪裡，「吃」都是冬至必不可少的事。

《舌尖上的中國 3》節目中推薦的當歸生薑羊肉湯，你可吃過了嗎？

天寒陰鬱，這段時間，宜養正氣，首選冬至第一湯方：當歸生薑羊肉湯。當歸生薑羊肉湯是《金匱要略》中著名的溫補名方，也是古代宮廷裡的冬日滋補藥膳。

藥方裡竟然有羊肉？沒錯，智慧的老祖宗知道什麼時候吃才能補到點子上，這個湯方要等冬至時用，天越冷越需要吃。

《圓運動的古中醫學》說此方：「當歸溫補肝血，羊肉溫補肝陽，滋補木中生氣，以助升達。加生薑以行其寒滯，故諸病皆癒也。」

當歸生薑羊肉湯，溫補肝血肝陽，培植生命力，為一年的陰陽交接助力。

蠢蠢欲動了是不是？羊肉正氣湯，好吃有祕方，快來看看吧。

節氣食帖

羊肉正氣湯

食材 羊肉500克，當歸20克，生薑25克，蒜苗、香菜、鹽適量。

做法 將羊肉洗淨，切成小塊，放鍋中，加冷水大火煮滾，撇除浮沫。生薑洗淨，不去皮，用刀背拍鬆放入鍋中。當歸洗淨放入鍋中，用微火煨2小時左右即可。起鍋前當歸與生薑扔掉，撒入鹽、蒜苗、香菜調味，吃肉喝湯。

提醒一下吃羊肉的禁忌。熱性體質者不喝。有皮膚病、過敏性哮喘以及某些腫瘤的人，不宜吃羊肉，因為羊肉屬於腥膻發物，有可能使舊病復發或新病加重。

馬蹄羊肉湯

喝它，可能是此刻最快的取暖方式。一碗羊肉湯，能頂十件衛生褲！

民間常說冬至宜燉湯。羊肉比較溫補，在冬天是很好的補品，但是比較溫燥。所以這個湯搭配了性涼清潤的馬蹄，來中和羊肉的燥性，加上冬菇，不僅清香甘甜還不溫不燥，一家老小都適合喝。

食材

羊肉……400 克
馬蹄……6 個
冬菇……8 朵

調味料

生薑片……4 片
蔥……1 段
薑段……1 段
黃酒……20 克
鹽……適量
清水……適量

做法

1 馬蹄去皮。
2 羊肉洗淨切塊，馬蹄切塊，冬菇洗淨稍浸泡。
3 砂鍋中加清水後放入羊肉煮滾，撇除浮沫。
4 放入冬菇、黃酒。
5 加入蔥、薑片、薑段，大火煮滾。
6 轉小火煲 2 小時左右，以鹽調味後關火。

水泉動

末候 1月1～4日

冬至大如年。

冬至，是二十四節氣中最早制定的一個，由周到秦，以冬至日當作歲首一直不變。直到漢武帝採用夏曆後，才把正月和冬至分開。由此，冬至由「年」變為了「節」，卻依然不曾影響它的地位。到唐宋時，以冬至和歲首並重。

古時候，漂泊在外的人到了冬至，無論走得多遠，都要回家過冬節，祭祖宗。

宋代官方規定冬至、初一和清明休假七天。事實上，冬至長假的歷史可以溯源到漢代。

《後漢書》記載：「冬至前後，君子安身靜體，百官絕事。不聽政，擇吉辰而後省事。」為君者須順應天道，與民休息。

冬至前後也是一年中最冷的時節，舊時人們有從冬至日開始數九九八十一天以曆嚴寒的傳統。

大約從明代開始，民間發明了〈九九消寒圖〉，「畫素梅一枝，為瓣八十有一，日染一瓣，瓣盡而九九出，則春深矣，曰九九消寒圖」。以每日填畫的方式，記日、消寒，也是有趣的娛樂活動。

舊俗，入冬後，由文人雅士溯及古人宴飲作樂的一種集會，謂之消寒會，此俗唐代即有，也叫暖冬會。

《紅樓夢》第九十二回就有描寫：「寶玉道：『必是老太太忘了。明兒不是十一月初一日麼，年年老太太那裡必是個老規矩，要辦消寒會，齊打夥兒坐下喝酒說笑……』襲人正要罵他，只見老太太那裡打發人來說道：『老太太說了，叫二爺明兒不用上學去呢。明兒請了姨太太來給他解悶，只怕姑娘們都來，家裡的史姑娘、邢姑娘、李姑娘們都請了，明兒來赴什麼消寒會呢。』」

詩詞唱和，有品有趣，誰還能感到三九寒意呢，消寒之說，與此契合。

| 心之穀 |

赤豆在古人心中是辟疫辟邪的東西。韓國電影《阿娘使道傳》裡，用紅豆避邪，女鬼不怕陽光，反而怕紅豆。

朝鮮的民俗文獻《東國歲時記》中也有關於冬至的記載：「冬至日稱亞歲。煮赤豆粥，用糯米粉作鳥卵狀，投其中，和蜜，以時食供祀，灑豆汁於門板以除不祥。」

沒想到赤豆有這麼神奇的功效呢！意不意外？所以，冬至這一天呢，如果吃了赤豆煮的粥，一家人團聚著來吃，能夠避免這一年的瘟疫。

《歲時雜記》中寫：「冬至日，以赤小豆煮粥，合門食之，可免疫氣。」

赤豆是生活中常見的食材，我們經常在很多食品中見到它的身影，比如在吃八寶粥的時候。

嚴格說起來，赤豆有兩種，一種叫赤小豆，一種叫紅豆，前者藥效較強，多用於入藥，李時珍在《本草綱目》中說：「赤小豆小而色赤，心之穀也。」可是現在不太常見，市面上常見的基本都是紅豆，二者統稱赤豆。

說到紅豆，便不能不想起粵系甜湯：陳皮紅豆沙。吃陳皮紅豆沙有兩個時節最合適，一個是炎夏，一個是寒冬。

寒冬來一碗紅豆陳皮蓮子粥，紅豆健脾祛濕，養心血；蓮子固腎，也養心；再加上陳皮燥濕醒脾，暖暖吃一碗，天寒克火、宜養心血。

節氣食帖

紅豆陳皮蓮子粥

食材 紅豆200克，提前泡2小時備用，陳皮1塊，泡軟切絲，蓮子30克，冰糖1塊（2～3人份）。

做法 鍋中加水，放入所有食材，大火煮滾，轉小火煮差不多2小時，紅豆起沙了，加一點冰糖進去，不要加多了，太甜會傷脾。最後關火燜一會兒，讓它綿軟即可食用。

炒培根羅馬花椰菜

　　這個時節，有一種菜像寶塔，長相很特別，花球表面由許多螺旋形小花組成，看上去有點像綠花椰菜，小花又以花球中心為對稱軸成對排列的蔬菜，它的名字叫羅馬花椰菜。

　　羅馬花椰菜，俗稱青寶塔，和普通花椰菜一樣，可以配香腸炒，配番茄炒，配雞肉炒，配培根炒，還可以汆燙後涼拌或者做沙拉，口味和口感與普通的花椰菜一樣。

食材

羅馬花椰菜............1 個（約 400 克）
培根..........................150 克

調味料

蔥.................................1 段
蒜.................................3 瓣
乾辣椒.........................2 個
白糖.............................5 克
鹽.................................2 克
醬油...........................15 克
食用油........................適量

做法

1 花椰菜掰成小朵狀。
2 花椰菜用清水沖洗乾淨。
3 蔥、蒜、乾辣椒切碎，培根切片。
4 鍋中加水，水開後放入一小勺鹽，幾滴油，倒入花椰菜汆燙一分鐘後撈出，瀝乾水備用。
5 鍋中放油，燒熱後，放入蔥、蒜末、乾紅辣椒煸出香味，倒入培根翻炒一下後，放入白糖。
6 倒入花椰菜，翻炒均勻。
7 加入醬油、鹽炒勻，出鍋即可。

廚房小語

1 花椰菜汆燙時間不用很長，否則會失去清脆口感。
2 因爲培根、醬油都有鹹味，所以鹽下的量較少，重口味者可斟酌調整。
3 因爲培根是醃製肉，鹹味重，所以放點糖中和一下。

小寒

小寒，十二月節。月初寒尚小，故云，月半則大矣。

——《月令七十二候集解》

雁北鄉

初候 1月5～9日

冬日裡的廚房分外叫人依戀，一口新的砂鍋還沒有用過，燈光照著，泛著玉也似的象牙白色，我不由得用一根手指輕輕摸了一摸，冰涼之中有一種溫潤的觸感。

寒夜擁爐煨芋，無論貧富，都是一件賞心樂事。爐灶上，溫暖的藍色火苗在跳躍，沸騰的砂鍋裡白氣嫋嫋，溫情脈脈地散發著剛剛煮熟時的芋頭的清香。

文震亨《長物志》裡言道：「所謂『煨得芋頭熟，天子不如我』，且以為南面王樂，其言誠過，然寒夜擁爐，此實真味。」

雪在屋外，靜默地融入黑夜，不煨芋、烤薯，不往火裡扔點什麼吃食，來消磨一整個寒夜的話，簡直說不過去。

南宋林洪所撰《山家清供》裡說，烤芋頭最好挑大個的，用濕紙裹了，在外面塗上煮酒和糟，用糠皮火慢慢煨熟，去了皮趁熱吃。

書中還記載了另一種名為「酥黃獨」的芋頭吃法：「熟芋截片，研榧子、杏仁和醬拖麵煎之，且白侈為甚妙。詩云：『雪翻夜鉢裁成玉，春化寒酥剪作金』。」

手捧燙手的芋頭，吃在嘴裡，暖在心頭，不禁有一種飽足的幸福感，尤其是在大雪天，還是一件「煮芋成新賞」的清雅事，簡直將炸雞配啤酒組合狠甩在一百條街以外！想想極美啦！

最喜歡母親做的桂花芋頭，芋頭蒸熟後剝去皮，放在鍋裡慢慢熬製，煮的時候要加上特製的桂花糖，放一點點鹼，這樣芋頭才會煮得紅彤彤，呈醬紅色，鮮亮誘人，散發著一縷濃郁桂花香的軟香，那是食物紋理盡頭的一種溫柔。一口下去，潤滑爽口、香甜酥軟。

| 小寒飯 |

這是一封糯米寫給你的情書。

小寒是一個有著陰鬱表象，也有著強大腎氣儲備的時節。自小寒開始，自然界的「正能量」正式開始逆襲了。小寒正處「三九」前後，所以是一年中最冷的時節，卻因為陽氣初生，一改冬至前的死寂沉沉。

小寒初候：雁北鄉。大雁是順陰陽而遷移的，此時陽氣已動，所以大雁動身向北。

小寒食補以禦寒為主，並防止寒濕留滯體內。老一輩人都知道，在小寒節氣一定要吃糯米飯。用糯米搭配青菜與鹹肉片、香腸片或是板鴨丁，再剁上一些生薑粒一起煮，十分香鮮可口。飯原是能量的最佳來源，添加各式蔬菜和肉類，營養豐富，滋味也更充足。

每年小寒節氣要吃的糯米紅豆飯，來源於古人常吃的「豆粥」、「豆飯」，是樸素家常的飯食。糯米味甘、性溫，固腎氣，補脾肺虛寒，能夠補養人體正氣；而紅豆祛濕氣、養心脾、強健筋骨。糯米雖補卻有些黏膩，容易補過了，而紅豆卻不是純補，還有「泄」的作用，能排濕氣。

這一年的小寒飯，我用雲南墨江紫糯米來做，補益作用更好。

節氣食帖

小寒飯

食材 紅豆300克、紫糯米150克、白糯米150克、鹽適量、熟芝麻適量、食用油適量、清水適量。

做法 紅豆加清水入鍋，煮滾後10分鐘關火。炒鍋加油燒熱後放少許鹽，放入生的紫、白糯米用小火不停翻炒，炒到糯米微微發黃，把紅豆連湯一起倒入，小火燜熟後起鍋。芝麻撒在燜好的糯米紅豆飯上即可。

為什麼要炒糯米？因為糯米補腎卻比較黏，難消化，炒到焦香之後再燜熟，糯米吃起來感覺就不那麼黏了，這樣的糯米飯，脾胃弱的人吃了也比較容易消化，還有健胃的功效。

紅豆糯米飯

糯米、紅豆上面已經有介紹，不多說了，直接上飯。這是普通版的紅豆糯米飯，可添加紫糯米，營養更豐富。

食材

生糯米……………………300 克
紅豆………………………300 克
熟黑芝麻…………………適量
豬油………………………適量
清水………………………適量

做法

1 紅豆放入鍋中，加水煮 10 分鐘。
2 炒鍋放豬油，燒熱後放少許鹽，放生糯米用小火不停翻炒。炒到糯米微微發黃，放入電子鍋中。
3 倒入提前煮好的紅豆，需連紅豆水也一起倒入。
4 再燜煮至飯熟。出鍋後撒熟黑芝麻即可。

廚房小語

1. 若豬油沒有，可以用其他油品代替。
2. 如果紅豆水不夠可加熱水，水的量也根據個人喜好增減。

鶻始巢

次候 1月10～14日

今日臘八，煮一碗有「佛性」的臘八粥。

長輩說，臘八是一個自帶福氣的節日，這天的能量場就是特別適合喝一碗有「佛性」的臘八粥。

傳說，佛教的創始人釋迦牟尼在菩提樹下苦思，終在臘月初八這天得道成佛。這天是佛教盛大的節日之一，因此寺院每逢這一天都會煮粥供佛，並將臘八粥分發給窮人，據傳吃了以後可以得到佛祖的保佑，所以窮人也把它叫作「佛粥」，並相沿成俗。

《遵生八箋》中有記載：「臘月八日，東京作浴佛會，以諸果品煮粥，謂之臘八粥，吃以增福。」

《黃帝內經》云：「食歲穀以全真氣。」臘月為終月，一切生物皆收藏完畢，其真氣就蘊藏於穀物種子之中。

這種種子大雜燴就是臘八粥，好就好在，它太合時宜了。植物的種子是一個個處在休眠期的有生命活體，人們吃下數以萬計、各種各樣的植物種子，讓生命借助種子的力量勃發。

煮臘八粥必知的小常識：臘八粥有兩樣不可缺的食材，那就是糯米和紅豆，傳統的臘八粥配方裡必有這兩樣。

喝臘八粥可以補氣養血。臘八時天寒地凍，糯米補虛固腎，紅豆補心養血還祛濕，再搭配紫糯米、小米、栗子、花生、蓮子、薏仁、綠豆、大棗、桂圓肉、葡萄乾。這個粥配方很平和，薏仁能祛濕，以防大棗、桂圓肉太補而生濕熱，剛好貼合時氣需求。

另一樣與臘八緊密相關的食物，顧名思義，就是在陰曆臘月初八這天泡的蒜。

泡臘八蒜是北方，尤其是華北地區的習俗。做法是將剝了皮的蒜瓣放入密封的罐子或瓶子中，然後倒入醋，封上口後放到一個冷的地方。慢慢地，醋中的蒜會變得碧綠，如同翡翠碧玉。

丨食歲穀粥丨

《黃帝內經》中有「食歲穀以全其真」，「食歲穀」也就是說按時令吃食物。

小寒，一年中最冷的日子就開始了，寒冷刺激導致人體熱量耗散，陽氣損耗。五穀是這個時節食補的基礎，可以提供充足的熱量和營養，尤以黑色、紅色穀物為佳，如黑豆、黑米、紅豆。

◆ 紅色抗寒暖身粥

紅豆、紅棗、枸杞，和炒過的糯米搭配，就是一款不錯的暖身粥，三味食材都有補益氣血的作用。這款粥偏溫補，有實熱和上火症狀的人要少喝。

◆ 黃色養胃健脾粥

冬季室外寒冷乾燥，室內燥熱，很多人會出現胃痛、四肢發冷等脾胃虛寒的症狀，不妨來碗黃色的小米南瓜粥，養胃健脾，尤其適合老人和孩子食用。

◆ 白色潤肺止咳粥

室內外溫差大，冷熱交替，加上氣候乾燥，可能誘發咳嗽、感冒，容易導致燥邪傷肺。這時可以喝些具有潤肺止咳功效的「白色粥」，如銀耳百合蓮子粥。銀耳、百合潤肺、潤燥、止咳，可以改善肺燥咳嗽、虛煩不安等症狀。

◆ 黑色補腎益氣粥

冬天的寒邪易致陽氣耗散，所以補腎氣就成了首要任務。中醫認為，黑色對應的是腎臟，此時不妨喝點黑米、黑豆、白米煮成的「黑色粥」。不過，患有慢性腎病、高血壓腎病、糖尿病腎病等病症的人要少吃，可以用黑豆煮水喝，以免加重腎臟負擔。

除此之外，還可以用米配合其他食材煮粥，如加芝麻，養肺益精；加蓮子，益氣固腎；加核桃仁，益肺補腎；加山藥，補肺脾腎；加杏仁，止咳定喘；加芡實，健脾安胃。

臘八粥

感覺是黑暗料理，實則養生佳品。

有華人的地方就會有臘八粥，此時總會感嘆人們因地制宜，煮萬物於一鍋的想像力。

臘月，是一年當中氣溫最低的月分。簡單的一款臘八粥，包含各種食材，具有和胃補脾、養心清肺、益腎利肝、明目安神等多種功效，老少皆宜，所以臘八粥不必等到臘月初八才喝。

食材

白米……100 克
紅米……50 克
黑米……50 克
燕麥……50 克
芡實……20 克
蓮子……30 克
紅棗……6 個
混合果仁……30 克
清水……適量

做法

1 紅米、黑米、燕麥、芡實、蓮子、紅棗分別放入碗中浸泡半小時。
2 將所有食材放入電子鍋中，倒入適量清水。
3 按下煮粥鍵即可。

廚房小語　食材可按自己喜好搭配。

雉雊

末候 1月15～19日

突然襲來了一陣寒流，遙遠的溫柔，解不了近愁。而一塊完美的蘋果肉桂脆粒派，可以拯救寒冷無聊的午後，甚至乏味的生活。

烘焙甜點傳達出的是女人的一種幸福姿態，《慾望師奶》裡的主婦之一布莉，就把女人的這種幸福演繹到極致。

布莉將自己製作的精緻可愛小餅乾放在竹籃裡，以優雅的姿態送給鄰居，而隨餅乾一起送去的，不只是烘焙手藝的展示，更多的是在委婉又囂張地炫耀她的幸福。

窯變的不只青花和鈞瓷，還有烘焙甜點。

起初以為，甜點配方上數字與說明很是明確，烤箱溫度也有清晰標示，只要以精確的配方一樣樣地做下去，一定可以做出點東西來的。

但我忘了，任何事情的發展，永遠不會像你想像的那樣簡單，過程明明是按標準規行矩步，烤出來的成品卻沒有一次不令人大驚失色，簡直是萬劫不復，不得不讓人想到窯變的鈞瓷，可謂「入窯一色，出窯萬彩」。

蘋果肉桂脆粒派，酥酥脆脆的外皮下，是軟糯的肉桂蘋果餡，有著超濃的肉桂香氣，將整個蘋果派的甜美提升到極致，暖暖的香味是給寒冷冬日的安慰。

小清調補

小寒養生進補要因人而異，宜以調補、清補為主，不宜盲目大補，以防補過了。

中醫認為寒為陰邪，寒濕的地方，陰邪最盛，這個時節可以繼續吃羊肉湯暖身暖腎。一年中難得可以肆無忌憚地溫補，抓住機會啊。

南方只要一下雪，寒濕就來了，可以煲清補涼羊肉湯，它是一道廣東經典常見的老火湯，清補涼的材料一般有淮山、玉竹、沙參、薏仁、百合和蓮子等，若是不知如何來選擇湯料，也可以直接購買配好的清補涼湯料，比較方便。

傳統煲羊肉湯，放的多為八角、桂皮等熱性的香料，所以人們吃多了羊肉容易上火。而清補涼羊肉湯，用清補涼湯料搭配羊肉，清熱祛濕，補元氣，而且平補不燥，清甜而不油膩。

節氣食帖

清補涼羊肉湯

食材 羊肉 500 克，沙參 10 克，玉竹 10 克，蓮子 15 克，百合 15 克，淮山 20 克，薏仁 10 克，蜜棗 3 個，薑 1 片，鹽適量，開水適量。

做法 備好材料，清洗乾淨。羊肉汆燙後，連同其他清補涼食材、薑放煲內，加開水一起煲；湯滾後調小火，煲 1 小時以上；煲好後加適量鹽調味。

眼下天氣真的很冷，有暖氣的地方，要以溫補、能補得進去為原則，羊肉也要謹慎著吃，謹防木氣疏泄。

暖氣燥熱較重的地方，吃豆腐、白菜有個好處，就是吃了人會感覺特別清淨。就拿豆腐來說，它能通大腸濁氣，而且能清心肺的火氣，潤燥生津。

燉一碗鯽魚豆腐湯，它有補的力，也有清的力，能祛濕消腫，益氣補脾胃，特別適合給虛弱的人進補用。做法很簡單，就不囉唆了。

巧克力果仁小蛋糕

在寒冷的冬日，起床也需要勇氣，幾乎讓人有一種生無可戀的感覺。

為了抵禦嚴寒，可愛的甜點可以融化心底的寒意，這款巧克力杯子蛋糕，略帶苦澀的醇厚味道，溫暖厚實，充滿能量，在凍得瑟瑟發抖的冬日正好補充熱量。

食材

低筋麵粉……………………45 克
泡打粉…………………………2 克
黑巧克力……………………80 克
無鹽奶油……………………60 克
白砂糖………………………50 克
雞蛋……………………………1 個
朗姆酒………………………15 克
牛奶…………………………15 克
混合果仁……………………30 克
綜合果仁……………………30 克

模具

直徑 7 公分紙模 ……….5 個

做法

1 將果仁切碎。
2 切塊的奶油和黑巧克力倒入大碗裡。隔水加熱或用微波爐加熱，攪拌至奶油和巧克力完全融化，成爲奶油巧克力混合液。
3 加入白砂糖，攪拌均勻。
4 再加入雞蛋、朗姆酒，攪拌均勻。
5 低筋麵粉和泡打粉混合過篩，篩入巧克力混合液裡，攪拌均勻。
6 加入牛奶，攪拌均勻。
7 將麵糊倒入模具裡，表面撒上果仁碎。
8 預熱烤箱 180°C，預熱好後，將模具放進烤箱，上下火，中層，烘烤 20 分鐘左右，直到蛋糕完全膨脹起來。出爐冷卻後脫模食用。

廚房小語

1. 果仁如果是生的，需提前用烤箱烤熟，並切碎，以 170°C烤 7～8 分鐘，烤出香味）。
2. 蛋糕要把握好烘烤時間，時間過長，會使蛋糕口感變乾、顏色變深。注意不要烤糊了。
3. 這款蛋糕，需要有泡打粉才會膨發起來，質地鬆軟。所以泡打粉是不可以省略的喲！

大寒

大寒，十二月中。解見前……水澤腹堅，陳氏曰，冰之初凝，水面而已，至此則徹，上下皆凝。故云腹堅。腹，猶內也。

——《月令七十二候集解》

雞乳育也

初候 1月20～24日

過了臘八就是年。

大家都在盼雪，盼今冬北京的第一場雪，盼啊盼啊，地上連浮白都沒有見到。

雪雖然沒看到，可是年味已經來了。

年味，我最喜歡魯迅在小說《祝福》中的描述：「舊曆的年底畢竟最像年底，村鎮上不必說，就在天空中也顯出將到新年的氣象來，灰白色的沉重的晚雲中閏時時發出閃光，接著一聲鈍響，是送灶的爆竹……空氣裡已經散滿了幽微的火藥香。」

年味總是夾著煙靄和忙碌的氣色，在家家戶戶飄起一縷濃香。

那時候還小，穿著姐姐的舊燈芯絨褲子，流著鼻涕滿街跑，總是盼著過年，總是覺得日子那樣的長。

長大了，那些過年時的美味，只留在記憶上，彷彿已經很久很久了。

曾經，是那麼的鍾情母親做的豬油年糕。豬油年糕是江浙一帶的經典小吃，袁枚在《隨園食單》中曾寫到豬油年糕的做法：「用純糯粉拌脂油，放盤中蒸熟，加冰糖捶碎入粉中，蒸好用刀切開。」

母親做的豬油年糕，是用純糯米粉，加上用糖醃漬的豬油丁和玫瑰醬而成，因為吃多了會覺得有些甜膩，所以老也吃不完，放在那裡卻又不壞，有一種能吃到天荒地老的感覺。

不知從何時起，我喜歡上了那種白年糕，模樣很周正，雖然只是一味的白色，簡簡素素，溫潤細膩，卻又是樸素的百搭菜，可葷可素，隨便怎麼燒，與誰一起燒都可以，既能當飯又能當菜，像極了江南水鄉的小女子，濃妝淡抹總相宜。

保肝護胃

過年，怎麼可以沒有肉，沒錯，過年宜吃肉。

這兩天，《啥是佩奇》（臺譯：《粉紅豬小妹》）洗版了社交媒體，但是，這個為影片《小豬佩奇過大年》宣傳造勢的短片，忘記了一件最重要的事，按照過年習俗，臘月二十六這一天，要殺豬割年肉，佩佩根本過不了年啊！

扯遠了，說回正題。

過年，餐桌上的團圓飯少不了肥甘厚味的雞鴨魚肉，這個時候常會暴飲暴食吃撐了，再加上各種飯局上又免不了要喝點酒，損肝傷胃不可避免。

《黃帝內經》說「飲食自倍，脾胃乃傷」，那麼，怎樣才可以保肝護胃呢？

假期中若接連幾餐都是飽食狀態，則可選擇輕斷食，中醫養生提倡成人也要「三分飢和寒」。輕斷食是指在一天中挑選其中一餐不吃，其他兩餐只吃平時的一半食量，能改善脂肪代謝情況。

◆ 1. 一碟芥菜

芥菜性寒，當肉類和糯米做成的食物吃得太多時，內臟會發熱，吃芥菜有清熱解毒，促進胃腸消化、寬腸通便的功效。

◆ 2. 一盅番茄鴨蛋湯

番茄頗得古今醫家賞識，其性微寒、味甘酸，生津止渴，涼血養肝，清熱解毒，依據《陸川本草》記載，番茄有健胃消食、治口渴、增食欲的功效。鴨蛋可以清肺火，消積食。

◆ 3. 一碗白扁豆山藥粥

扁豆被譽為首選健脾和胃的素補佳品，可以抑制人體內部醣類的轉化，也能提高人體的耐糖性，可以預防血糖升高。山藥為溫補性，對肝、腎均有滋補和改善作用。

建議：餐桌上不要選擇飲料和茶，喝飲料易胖，茶葉中有鞣酸和茶鹼，會影響人體對食物的消化。最好選擇比較清淡的菊花飲，清香怡人，好喝又健康。

烏塌菜炒冬筍

烏塌菜是上海著名的春節吉祥蔬菜，為冬季主要時令蔬菜之一，已有上百年歷史。《食物本草》載，「烏塌菜甘、平、無毒」，能「滑腸、疏肝、利五臟」。

烏塌菜炒冬筍是上海菜中頗負盛名的地道家常菜。烏塌菜稍微帶一點淡淡的苦味，梗糯葉軟，翠綠怡人，加上質嫩色白的冬筍，鮮嫩清爽，只需簡單地清炒，鮮香味美，吃起來就十分清甜可口。

食材

烏塌菜……1 棵
冬筍……200 克

調味料

鹽……3 克
白糖……5 克
食用油……適量

做法

1 將烏塌菜切開後洗淨，瀝乾備用。
2 冬筍剝殼，汆燙後瀝水。
3 把汆燙過的冬筍切片。
4 熱鍋入油，油溫後將烏塌菜倒入，大火爆炒。
5 烏塌菜顏色變綠後加入冬筍片翻炒，加入鹽、糖，炒勻後即可。

征鳥厲疾

次候 1月25～29日

每年進了臘月門，過年的氣氛隨著「二十三，糖瓜黏」更加濃烈，祭灶在民間算個大典，被老百姓稱作「過小年」。

「送君醉飽登天門，杓長杓短勿復云，乞取利市歸來分。」玉皇大帝若真要聽此彙報，還真是忙不過來呢。

走在街上，從後面匆匆走過的人。撞了我一下，一看是一個民工模樣的男人。他並沒有意識到撞了我，只是一直往前走去，肩上扛著一個七鼓八翹的蛇皮袋子，手裡還拎著一個大包。那蛇皮袋子的口處露著紅花面子的棉被，真正的大紅大綠。

我默默地看著他走向車站，還有更多像他一樣的人，集合似的往車站趕去。原來要過年了，他們拿著從這裡賺的錢，回家過年。

過年回家，過年回家，大家都是這樣。

過了小年，家家都炸藕盒、炸丸子和炸麻花，蒸很多的饅頭、花卷、棗餑餑、年糕。平時普普通通的饅頭也多了幾分花樣。特別是棗餑餑，雪白的饅頭配上紅紅的棗，色澤亮麗，模樣可愛，非常討喜。

過年到底是個大節日，家家都做東西吃。到處都是油炸的香氣，彷彿聽到了藕盒在油裡「吱吱」地響。一盤一盤的菜餚，從料理臺上一直擺到窗臺上。

至今，還有些懷念小時候的年，看著父母在廚房裡忙碌，伸手去捏父親剛剛炸好的藕盒，父親也沒有了往日的嚴肅，笑呵呵看著我們在廚房裡跑進跑出。

喜歡用最傳統的方式迎接春節，我當它是個「溯遊之旅」，在鑼鼓鞭炮與歡笑聲中，像孩子一樣回到誕生之地。

| 解膩大法 |

不管你愛不愛吃，大魚大肉從來都是過年的標配，各種雞鴨魚肉、花樣百出的菜，吃肉是不可缺的重要一環。

又、又、又把我吃傷了，在腸胃各種不適之後，什麼最解膩？

◆ 洛神烏梅茶

洛神花 20 克，烏梅 15 顆，甘草 20 克，山楂 10 克，陳皮 5 克，冰糖適量。一起放入鍋中煮水，幾分鐘即可飲用。

洛神烏梅茶中的烏梅、山楂消油解膩、開胃健脾，而且清爽爽口，還避免了讓飲用者攝入過多糖分。

◆ 橘皮水

把清洗乾淨的橘子皮切成絲、丁或塊。飲用時可以單獨用開水沖泡，也可以和茶葉一起飲，不僅味道清香，對多食用油膩而引起的消化不良、不思飲食，尤為有效。

◆ 大麥茶

大麥茶有一股濃濃麥香，是一種真正的健康飲料。飯後喝杯大麥茶，大麥中的尿囊素可增加胃液分泌，促進胃腸蠕動，能起到開胃、清熱、去腥膻、去油膩、助消化的作用。

◆ 百香果綠菊茶

用竹葉青茶、菊花放入茶壺中，沖入沸水，將百香果肉挖出放入沏好的茶中，加入適量蜂蜜攪拌均勻。

百香果具有促進消化、增強免疫功能、提神醒酒等功效，果肉中的膳食纖維能夠潤腸通便，清除體內毒素。

◆ 西梅汁

用番茄加烏梅，放入破壁機中，加開水，打成汁飲用。西梅汁，氣味芬芳，酸酸甜甜的滋味，清爽解膩，健脾開胃。

鳳梨八寶飯

八寶飯食用指南，春節美食第一彈。雖然歷經千年，但其色澤鮮豔美觀，軟糯香甜，寓意團圓美滿，如今在眾多喜宴上依然有八寶飯的盛裝出席，成為節日家宴上待客的佳品。

和八寶飯有奇妙裙帶關係的是消寒糕。老北京人在大寒的時候要吃消寒糕，韌滑的年糕上嵌著核桃仁、桂圓、紅棗，取年年平安、步步高升之意。

食材

糯米……200 克
鳳梨……1 個
杏乾……3 個
黑提葡萄……10 克
枸杞……5 克
甜玉米粒……20 克
白蜜豆……20 克
紅蜜豆……20 克
桂圓肉……20 克

調味料

糖……30 克
橄欖油……8 克

做法

1 黑提葡萄、枸杞用溫水泡開。
2 糯米浸泡 6 小時。
3 將泡好的糯米加糖和橄欖油拌勻，放入蒸籠中，上鍋蒸 30 分鐘至熟。
4 鳳梨去蒂，掏出內瓤切丁。
5 蒸好的糯米飯加入杏乾、黑提葡萄、枸杞、甜玉米粒、白蜜豆、紅蜜豆和桂圓肉，拌勻。
6 再放入鳳梨丁，拌勻。
7 把拌好的糯米飯放入鳳梨殼中，上鍋蒸 10 分鐘即可。

廚房小語

1. 乾果和鳳梨丁千萬不能跟生糯米一起上鍋蒸，那樣就蒸化了，要在糯米飯做好，放涼後拌入，再最後蒸 10 分鐘口感剛剛好。
2. 乾果可依據自己的喜好搭配。

水澤腹堅

末候 1月30日～2月3日

老祖宗，除夕日，家裡喊你回家過年了。

對極其看重宗族禮法的山東人來說，除夕日，家裡先要祭祀，重中之重的儀式就是「請家堂」。

「請家堂」是指將祖宗和已故親人的亡靈請回家裡過年。

時間是在除夕當天，通常會是下午，去祖先的墳前祭拜，說：「過年了，跟我回家過年吧！」意思就是接祖先一起回家團圓，一年到頭了，一家人可得齊齊整整的。

在除夕的晚餐之前，將祖先的牌位立於乾淨的案子上，擺上供品，碗內布飯菜，仿若天上眾神與祖宗的靈魂此刻與家人同在，甚至共吃一塊年糕，同時許一個平安願，給家人、給自己。

記得有一年，那時才幾歲的兒子居然爬上了祭祀的供桌，指著供桌上一排列祖列宗的牌位，問他爺爺：「爺爺、爺爺，這是什麼玩意兒？」

先生急忙把兒子抱下來，對他說：「這不是什麼玩意兒，是老祖宗。」我和婆婆，還有弟媳婦，在一旁只是偷著樂，不敢笑出聲來。

後來，每年這個時候，我們都會想起兒子的話，然後說笑一番。

在年夜飯的餐桌上，依長幼之序而坐，此時，那些名片上冠冕堂皇的職務頭銜全不存在，關起門來一家人談的都是親情事。家人共進的不僅是年夜飯，其實共用的是一種「典禮」。

| 春節家宴修煉寶典 |

一張餐桌，擺下的是徐徐展開的風味人間。所有親人奔赴的晚餐，應該怎麼做？

◆ 家宴設計

家宴，首先要明確是中餐還是西餐，依據家宴不同的主題和宴請人數設計功能表。當確定了客人名單後，就可以開始設計家宴功能表了，功能表應根據客人的人數、飲食習慣及喜好、忌諱策劃。

◆ 菜品的種類搭配

家宴上的菜品，通常由涼菜、熱菜、湯、甜點或主食幾部分組成，涼菜、熱菜、湯、甜點或主食的配比依次約為20%、60%、10%、10%。

◆ 菜品和風味的搭配

主菜由雞鴨魚蝦、山珍海味、乾鮮果品等組成，是一桌宴席中最高檔的菜，一般為一至兩道。

佐菜有下酒菜、下飯菜，最好選用時令菜，做到精細清淡，品種豐富，如果一桌菜全是甜的誰也受不了，全是雞也顯得單調。菜餚的形態，要切成不同的形狀，或絲或片或塊，多種顏色的不同搭配會顯得更加美觀。

口味以鹹鮮為主，搭配麻、辣、酸、甜及各種複合風味。要利用各種烹飪方法手法，不單調不重複，使菜式豐富。

尾湯，是最後一個「壓軸之作」，因此，內容要豐盛。

另外，簡單地學點酒與菜品的搭配法會很有用，比如：吃油膩的葷菜，如紅燒肉、紅燒牛肉、羊肉煲等，適用紅酒來配。吃清淡的菜，如清蒸海鮮、鮭魚刺身、生蠔、白灼蝦等，應該用清淡型白葡萄酒、氣泡酒、玫瑰紅酒來配。

◆ 烹飪前的準備

提前一天購買需要保證新鮮度的蔬菜、海產品、肉類等。雞鴨魚肉等食材需提前醃入味，湯可以提前一天煲好，蔬菜可擇洗乾淨後切成半成品，放入保鮮盒中，一律入冰箱冷藏。

總之，80% 以上的工作要提前完成，到時直接下鍋，快速地成菜上桌。

◆ 上菜的次序

先涼後熱，涼菜葷略多於素，也可葷素搭配，還可依據自家情況搭配。

先菜後湯。首先要上的是頭菜，也就是家宴的主菜，是整桌宴席中食材最高檔、做法最講究的，也就是最能鎮場子的菜。

其次是湯菜，也就是清淡一點的菜，品嘗過前面主菜的厚味濃香，這一道要起到爽口、解膩的作用。然後是行菜、湯，可以根據需要在食材上自行搭配。最後是主食或甜點，最好兩種口味，一葷一素或一鹹一甜。

以上只是一個總原則，家宴菜餚無論如何的繁花似錦，只要知曉原則、列好菜單、做好計畫，只要統籌安排，一切盡在掌握之中，任何大菜也如小菜一碟了。

除夕餐桌上的「老三篇」

大寒，在最後的寒冷裡等待團圓。一頓團圓飯，幾千年的中國生活史。

我家的年夜飯，餐桌上永遠不能缺的是：一條魚，一隻豬蹄，一盤如意菜。這「老三篇」是必需的，缺一不可。

這個傳統是從母親那裡繼承來的，母親的除夕年夜飯，無論是憑票供應的年代，還是生活富裕之年，總是離不了「老三篇」，而且講究品質，講究烹飪方法，幾十年來年年如此。

糖醋魚

松煙燻豬手

如意菜

糖醋魚

糖醋魚是母親的招牌菜，端上桌來，只見一條鯉魚端然立在盤中央，身披一層濃厚的金黃醬汁，有展翅欲飛的氣勢。做為一條魚，能這樣紳士而優雅、體面而完整地出場，無疑是對魚的最高獎賞，也不枉魚入世一場。

食材

鯉魚……………………………1 條

調味料

蔥、薑、蒜……………… 適量
胡椒粉………………………4 克
鹽……………………………4 克
麵粉………………………200 克
澱粉…………………………15 克
糖…………………………100 克
醋……………………………50 克
料酒…………………………10 克
清水………………………… 適量
醬油…………………………10 克
番茄醬………………………1 勺
食用油……………………… 適量

做法

❶ 糖、醋、清水按 2：1：2 的比例，調成糖醋汁。

❷ 麵粉、澱粉加水調成麵糊。

❸ 將魚去鱗、鰓，淨膛洗淨，在魚鰓下 1 公分處切一刀，在魚尾部再切一刀，鰓下的切口處，有一個白點，就是魚的腥線的頭，捏住腥線的頭，輕拍魚身，很容易就能把腥線抽出來了。

❹ 在魚的兩面隔 2.5 公分切牡丹花刀，切法是先立切 1 公分深，再平切 2 公分。切好的魚放入醬油、鹽、料酒、胡椒粉醃 30 分鐘入味。

❺ 將步驟 2 調好的麵糊，均勻抹在醃好的魚上。

❻ 油燒至 7 成熱，提起魚尾，先將魚頭入油稍炸，再用勺舀油淋在魚身上。

❼ 待麵糊凝固時，再把魚慢慢放入油鍋內。

❽ 炸熟，取出。待油熱至 8 成時，將魚復炸至酥脆，出鍋裝盤。

❾ 蔥、薑、蒜分別切末，炒鍋內留少許油，放入蔥花、薑末、蒜末爆香。再倒入調好的糖醋汁和番茄醬，加少許麵粉水將汁收濃。

❿ 醬汁起鍋後澆上魚身即可。

廚房小語

1. 糖醋魚的關鍵還是那一碗糖醋汁。糖醋汁可按 2 份糖、1 份醋、2 份清水的比例調配，就可達到最佳甜酸度。當然了，這個配比，不是 1 加 1 等於 2 那麼簡單的公式，而是要根據自家人的口味調配，找到最適合的比例。
2. 炸魚時需掌握油的溫度，涼則不上色，過熱則外焦內不熟，一定要復炸一次，魚才會酥脆。

松煙燻豬手

每到過年，總是聽母親千叮嚀萬囑咐地說：買兩隻豬前蹄回來。

母親說：都是從老輩人那傳下來的，過年了，啃豬蹄兒是要讓來年有個好兆頭，一定記得要買前蹄啊，豬前蹄才叫豬手，前蹄摟錢是往懷裡摟。別買後蹄，後蹄叫豬腳，豬腳是往後蹬的。

南方有道著名的菜叫發財就手（髮菜豬手），就是用豬前蹄做的，為了圖個好意頭。

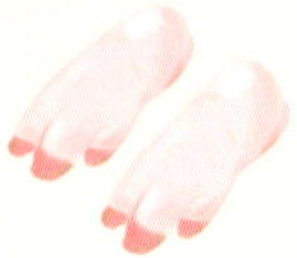

食材

豬前蹄..........................2 隻

調味料

鹽..............................10 克
蔥、薑..........................適量
冰糖............................20 克
月桂葉..........................2 片
八角............................1 個
草果............................1 個
小茴香..........................4 克
花椒............................5 克
白米............................30 克
紅糖............................30 克

老滷汁..........................1 碗
料酒............................10 克
清水............................適量
松樹枝..........................1 枝
柏樹枝..........................1 枝

做法

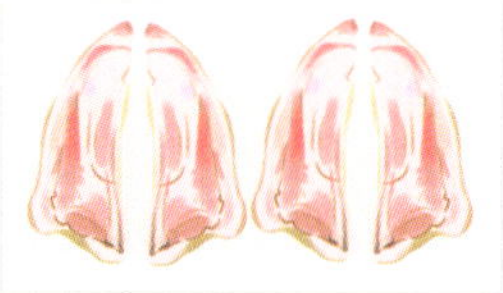

❶ 豬蹄洗淨，一剖兩半。

❷ 砂鍋中加清水，放入豬蹄煮滾，撇除浮沫。

❸ 砂鍋中加入老滷汁，滷包袋中置入蔥、薑、月桂葉、八角、花椒、小茴香、草果後同樣放進鍋中，接著加鹽、冰糖、料酒，大火煮滾，轉小火滷至爛熟。

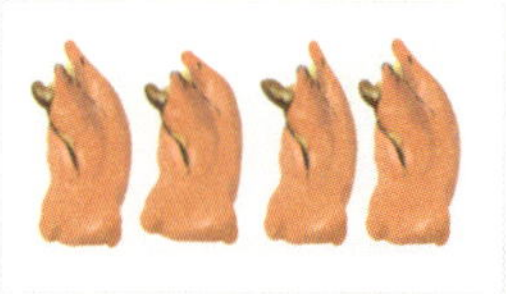

❹ 將豬蹄撈出，瀝乾水分。

❺ 另拿略有深度的寬鍋，先鋪一張鋁箔紙，再撒上白米、紅糖、松樹枝、柏樹枝。

❻ 在鍋中放入蒸架，將豬蹄擺在蒸架上（蒸架下方爲煙燻料，上方放置豬蹄）。蓋好鍋蓋後，開火燻 5 分鐘，關火，繼續蓋上鍋蓋燻 10 分鐘。

廚房小語	煙燻料的比例是白米與紅糖 1：1。

如意菜

如意菜，可以說是母親從江南帶過來的一道家常菜。這道小炒用的是最不起眼的一種食材，就是黃豆芽，明代陳嶷曾有過讚美黃豆芽的詩句：「有彼物兮，冰肌玉質，子不入於污泥，根不資於扶植。」加之形似一柄如意，所以被稱之為如意菜。

清代美食家袁枚，將豆芽寫進了他的美食書《隨園食單》中，也算有力挺之意了。

食材

黃豆芽......................300 克
香菜.............................1 棵
胡蘿蔔......................100 克
豆乾..........................200 克

調味料

鹽.................................2 克
醬油..........................10 克
香油..........................適量
雞粉..........................適量
食用油......................適量

做法

❶ 黃豆芽擇洗乾淨；香菜洗淨，兩者皆切段；胡蘿蔔洗淨，切絲；豆乾切絲。

❷ 鍋中放油，放入胡蘿蔔翻炒變色。

❸ 放入黃豆芽翻炒至熟透。

❹ 下香菜、豆乾炒均。加入鹽、醬油、香油、雞粉，翻炒均勻即可出鍋。

廚房小語	蔬菜可以依據自己的口味搭配，也可多加幾種。

年夜飯的壓軸大戲之
豆腐餡餃子

一年只能吃一次的餃子。

這指的是大年初一早晨的那頓餃子，就是過了晚上12點吃的那頓餃子。用豆腐做主料，不能放肉，連蔥花都不行，全素，寓意就是一年素素淨淨。再不吃素的人，這時也會吃上幾個，誰能和這美好的寓意較勁！

母親對年三十包的餃子，有著特別的講究，就連擺放也有定規。放餃子要用圓形的蓋簾，餃子要先在中間擺放，一圈一圈地向外逐層擺放整齊，不可亂放。

俗話說：千忙萬忙，不讓餃子亂行。母親告訴我，這叫「圈福」。

餃子皮

麵粉……400克
溫水……適量

餃子餡

豆腐……400克
香菇……150克
鹽……4克
蔥……80克
水餃調味粉……10克
香油……15克
蠔油……10克

做法

❶ 麵粉加溫水和成麵糰，靜置 20 分鐘備用。

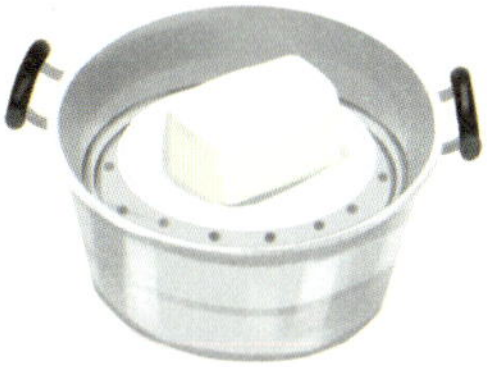

❷ 豆腐入鍋，水開後蒸 15 分鐘。

❸ 豆腐壓碎放入大碗中，放入蔥，香菇切末放入碗中，加入鹽、調味粉、香油、蠔油拌勻。

❹ 在工作檯和擀麵棍撒上少許手粉，麵糰分割成小塊，全部擀成圓薄片並放入盤中最後包入餡料。

❺ 捏成水餃。

❻ 鍋中加清水，水開後下餃子，煮熟即可。

廚房小語

1. 餡料可依據自己的喜好調配。
2. 擀好的餃子皮放入盤中前，兩面可沾少許麵粉，避免沾黏。

高寶書版集團
gobooks.com.tw

CI 163
節氣餐桌手帖
生活手札×72＋3道應時食帖，這一年，我要好好吃飯

作　　者　梅依舊
副 主 編　林子鈺
責任編輯　藍匀廷
封面設計　黃馨儀
內頁設計　賴姵均
企　　劃　陳玟璇
版　　權　張莎凌

發 行 人　朱凱蕾
出　　版　英屬維京群島商高寶國際有限公司台灣分公司
　　　　　Global Group Holdings, Ltd.
地　　址　台北市內湖區洲子街88號3樓
網　　址　gobooks.com.tw
電　　話　(02) 27992788
電　　郵　readers@gobooks.com.tw（讀者服務部）
傳　　真　出版部(02) 27990909　行銷部 (02) 27993088
郵政劃撥　19394552
戶　　名　英屬維京群島商高寶國際有限公司台灣分公司
發　　行　英屬維京群島商高寶國際有限公司台灣分公司
法律顧問　永然聯合法律事務所
初版日期　2025年06月

國家圖書館出版品預行編目(CIP)資料

節氣餐桌手帖：生活手札×72+3道應時食帖,這一年,我要好好吃飯 / 梅依舊著. -- 初版. -- 臺北市：英屬維京群島商高寶國際有限公司臺灣分公司, 2025.06
　冊；　公分. -- (嬉生活；163)

原簡體版題名:节气厨房: 穿行节令的私房美食, 顺应天时的四季养生

ISBN 978-626-402-261-3(平裝)

1.CST：食譜　2.CST: 節氣　3.CST: 健康飲食　4.CST: 中國

427.11　　114005817